高等院校艺术设计类"十四五"新形态特色教材

建筑空间
模型设计与制作

王明超　编著

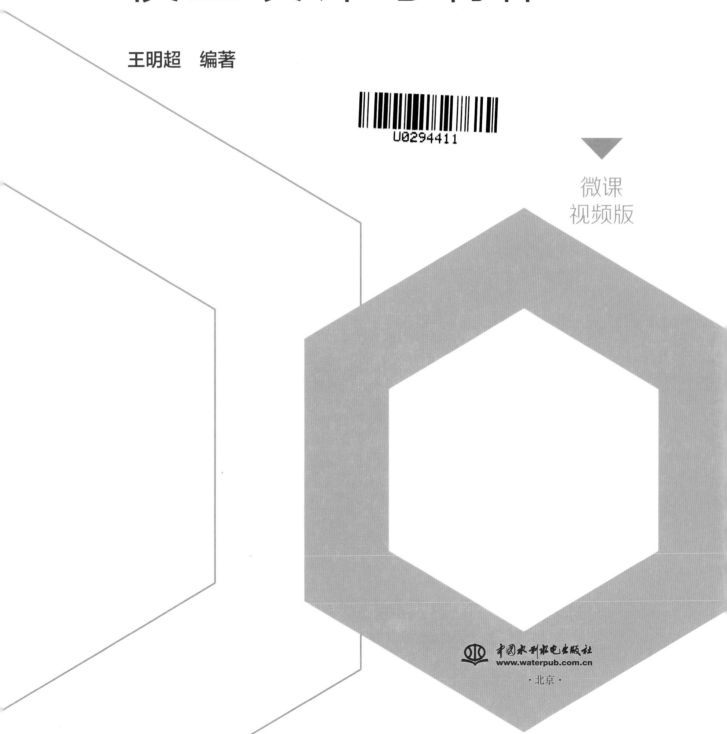

微课
视频版

中国水利水电出版社
www.waterpub.com.cn
·北京·

内 容 提 要

本书采用由浅入深、循序渐进的方式，系统全面地介绍了建筑空间模型设计的相关理论知识与制作方法。全书分为6章，内容包括模型概述、建筑空间模型的构成要素、材料与工具、草模制作、正模制作和作品展示。本书配有丰富的数字资源，读者扫码即可观看学习。

本书适合作为高等院校、职业院校建筑相关专业的教材，也适合作为广大自学爱好者的自学用书。

图书在版编目（CIP）数据

建筑空间模型设计与制作 / 王明超编著. -- 北京：中国水利水电出版社，2023.6
高等院校艺术设计类"十四五"新形态特色教材
ISBN 978-7-5226-1292-8

Ⅰ. ①建… Ⅱ. ①王… Ⅲ. ①建筑空间－模型（建筑）－设计－高等学校－教材②建筑空间－模型（建筑）－制作－高等学校－教材 Ⅳ. ①TU205

中国国家版本馆CIP数据核字(2023)第109752号

书　　名	高等院校艺术设计类"十四五"新形态特色教材 **建筑空间模型设计与制作** JIANZHU KONGJIAN MOXING SHEJI YU ZHIZUO	
作　　者	王明超　编著	
出版发行	中国水利水电出版社 （北京市海淀区玉渊潭南路1号D座　100038） 网址：www.waterpub.com.cn E-mail：sales@mwr.gov.cn 电话：（010）68545888（营销中心）	
经　　售	北京科水图书销售有限公司 电话：（010）68545874、63202643 全国各地新华书店和相关出版物销售网点	
排　　版	中国水利水电出版社微机排版中心	
印　　刷	清淞永业（天津）印刷有限公司	
规　　格	210mm×285mm　16开本　8.75印张　255千字	
版　　次	2023年6月第1版　2023年6月第1次印刷	
印　　数	0001—2000册	
定　　价	**49.00元**	

"行水云课"数字教材使用说明

  "行水云课"水利职业教育服务平台是中国水利水电出版社立足水电、整合行业优质资源全力打造的"内容"＋"平台"的一体化数字教学产品。平台包含高等教育、职业教育、职工教育、专题培训、行水讲堂五大版块，旨在提供一套与传统教学紧密衔接、可扩展、智能化的学习教育解决方案。

  本套教材是整合传统纸质教材内容和富媒体数字资源的新型教材，它将大量图片、音频、视频、3D 动画等教学素材与纸质教材内容相结合，用以辅助教学。读者可通过扫描纸质教材二维码查看与纸质内容相对应的知识点多媒体资源，完整数字教材及其配套数字资源可通过移动终端 APP、"行水云课"微信公众号或中国水利水电出版社"行水云课"平台查看。

  扫描下列二维码可获取本书课件。

前言

　　"建筑空间模型设计与制作"课程的学习需要学生有一定的理论基础。因此，学生在学习本课程之前，应先修完如"设计构成""室内设计基础""建筑初步""人体工程学""建筑制图"等建筑相关基础课程。本书综合了以往教材的优点，采用更简化的方式切入主题，让学生循序渐进地学习建筑空间模型设计与制作。不但训练学生技能方面的动手能力，同时培养学生从平面到立体空间的设计思维方法，重点培养学生的独立思考能力。通过模型制作提高建筑空间设计能力，这种训练方式对学生从事建筑设计及相关工作具有积极的推动作用。

　　本书共6章内容。第1章是模型概述，介绍模型的用途、意义和类型。深入解析设计模型的基本程序、内涵与重要性。第2章讲述建筑空间模型的构成要素。第3章讲述建筑空间模型的材料与工具。第4章讲述草模制作、如何对建筑大师作品进行深度分析解读，以及从草图到草模的演化过程。第5章讲述正模的制作方式方法，以及各种细部的处理方法；并学习如何从大局出发，场地设计结合建筑模型，制造出满意的模型作品。第6章讲述如何拍摄模型作品和对模型进行排版展览设计。

　　模型设计制作需要2～5人团队默契合作，不仅能增强学习乐趣，还能增进同学友谊，培养学生创新思维的同时增强团队意识、质量意识、责任意识，以及科学系统的思维模式和全局观念。

　　本书凝结了笔者多年积累的教学经验与成果，并对国内外的模型教程进行了梳理整理与提炼，增加了笔者对模型设计课程的独立见解，总结出适合当今新时代高等教育的新教材。本书除了讲授基础技能知识外，还将课程思政融入其中，以便更好地融合新时代高等教育的规范。同时本书增加了很多丰富的视频资源，带给学生全新的学习体验。

　　感谢帮助我的老师以及同学们，本书在编写过程中，参考并引用了部分资料，在此对相关作者表示深深的谢意。

　　由于时间仓促，加之水平有限，书中疏漏之处在所难免，希望各同行专家批评指正，在此深表谢意！

作者

2023 年 2 月

目录

第1章
模型概述

● **本章概述**

模型就是按照一定比例，通常是缩小物体实际尺寸，通过技术手段以三维的方式对实体的呈现或者是对未来实体的展望。模型是源自法语术语 maquette（初步设计模型），其他术语有"建筑微缩模型"或者"3D建筑模型"。模型英语表达为 model，建筑模型称为 architectural model。

本章通过案例分析、作品赏析等形式，讲述模型的类别、模型的定义、模型的意义和价值，以及模型的发展。深入讲述设计模型的基本程序、内涵与重要性。案例讲述中华古建筑模型的精美制作，使学生感受中华建筑文化内在的精神品质，增强学生的文化自信，培养学生为社会主义奋斗的责任感和使命感。

● **本章重点**

重点学习模型的功能分类，设计模型、展览模型、研究模型的区别。

1.1 模型的用途

建筑空间模型在现代经济建设发展中起到至关重要的作用，既可以引领建设发展和展望未来，也可以追忆研究过去，是建筑行业必不可少的一个组成部分。根据模型的功能类型来确定模型的用途，如设计类模型主要是协助建筑设计师从三维角度分析建筑空间，更直观地展现建筑空间的设计方案，同时设计类模型可以转换成展览模型供人们参观；展览模型如城市规划是向人们展示未来城市发展的空间模型（图1.1和图1.2），这种模型通常是综合性模型，包含建筑、交通、水系、地形、绿化等元素，用更为先进的手段展现未来城市发展目标，往往这类模型的制作比较概念化；纪念类研究模型是对一种现存著名古建筑或者已经消失的古建筑进行模型复原，为后人研究建筑文化提供帮助（图1.3～图1.5）。

图1.1 城市展览模型/上海城市展览馆

上海浦东新区的城市展览模型（比例1∶3000）。模型所用主要材料为白色模型板和亚克力板。一改以前的彩色模拟真实场景方法，采用素模的方式展示城市空间，优点是模型空间干净简洁，使人的注意力集中在城市空间上，而不是五颜六色的建筑花草上。

图1.2 城市展览模型

城市建筑的概念设计作品（比例1∶2500）。模型采用块体形式，突出城市空间布局、街道、交通等规划要素。

图 1.3　晋祠研究纪念模型/晋祠博物馆

纯实木的古建筑模型（比例 1∶150）。晋祠鱼沼飞梁是我国现存最早的十字形古桥。据《水经注》记载："沼西际山枕水，有唐叔虞祠。水侧有凉堂，结飞梁于水上。"可见，飞梁早在 1500 年前的北魏时期就已经存在，它是我国桥梁建筑史上利用特定环境成功营造的杰作，对研究我国桥梁建筑的发展具有十分重要的意义。❶

图 1.4　南京明古城研究纪念模型/南京博物馆

大场景实木古城模型（比例 1∶2000）。木色素模效果，高贵典雅。重点展示古城的街道布局和交通组织关系，建筑以及环境的细节更加简化处理。

图 1.5　巴黎古街区研究纪念模型/欧洲建筑展

巴黎古街区的实木模型（比例 1∶200）。主要展示巴黎古街区的建筑布局形式。

1.2　模型的意义

模型的意义大体分为三个层面：一是应用意义，二是研究意义，三是商业意义。应用意义主要指设计模型的过程中对建筑设计可行性以及美观性的空间研究；研究意义主要是对历史建筑的纪念性和文化性进行研究；商业意义主要是指商业展览模型对于商业项目以及城市发展的经济价值。

1.3　模型的类型

1.3.1　设计模型

由于模型种类太多，因此本书把一切以设计工作为目的的模型统称为设计模型。设计模型包括各种元素所

---

❶　刘丽萍. 晋祠鱼沼飞梁 [J]. 文物世界，2020（5）：41-42.

制作的模型，如概念模型、结构模型、表面模型、体块模型、山地模型、工业模型、景观模型、室内模型等。设计模型是本书讲述的重点。

1.3.1.1 设计模型的呈现

设计模型的呈现一般需要经过以下两个步骤：

（1）草图设计和草模模型至方案图纸。在实践设计构思的过程中，图形思维和空间思维是在创作建筑时常用的两种基本思维模式。主要通过手绘草图和徒手模型这两种常用的方法和表现形式来呈现初步设计，通过草图和模型记录设计的过程。草图作为一种传递设计信息的媒介，通过会议论证、方案讨论等过程，发展成最终的建筑设计方案。随着方案的不断深化、草图的不断修改，通过二维草图制作出三维概念模型草案，可以通过模型直观地感受三维空间样式，包括材质的使用等，在草图和模型的不断推敲下最终确定建筑设计作品。因此在设计过程中的模型，是建筑设计实践中不可或缺的重要表现手段。

（2）扩展模型和成品模型等过程。扩展模型是在草模的基础上进行深化设计，也就是常说的扩初设计。扩展模型是建筑形体美塑造的重要环节，借助常规美学基础如点（point）、线（line）、面（plane）、韵律（rhythm）、对比（comparison）等美学构成手法逐步呈现建筑外观。扩展模型设计是成品模型前的必要设计，是随着图纸设计的深化而进行模型深化，由最初的体块概念模型逐渐深化出如出入口、开窗、通风口、建筑立面细节等方面的具体方案形式，制作出最终的建筑空间模型。

1.3.1.2 设计模型的表达形式

设计模型的表达形式一般有两种：概念模型和具象模型。

1. 概念模型

概念模型也是设计草模的一种表现形式，它是建筑设计前期对形体空间的研究方法。这类模型通常不需要精细的开窗等细节的处理，对体块的研究更利于整体把控空间，也方便修改空间。概念模型类似儿童的积木游戏，通过积木式的搭建空间方式，传达建筑师对空间设计的空间需求，给人更多的空间想象。这种纯粹的概念建筑形体备受广大建筑设计师的钟爱。常见的概念模型的表达形式如下：

（1）体块空间的表达。概念的体块模型往往是表示未完成的作品，或者空间研究的过程（图1.6～图1.9）。

图1.6 概念城市建筑模型

这组模型属于建筑的艺术作品。艺术家通过对建筑空间的理解，将建筑融合成一组雕塑形式的作品。

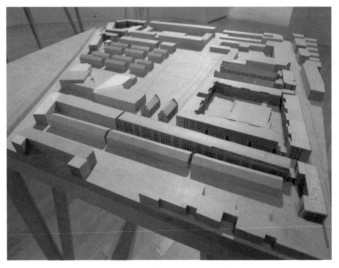

图1.7 概念古建筑街区模型/欧洲建筑展

纯实木的体块模型，简洁明快，有利于后期城市空间研究。

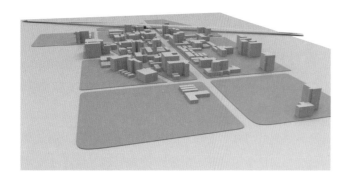

图1.8　概念城市规划模型

体块化的建筑将城市空间进行功能划分，交通组织流线分析更加快捷方便。

图1.9　积木型模型

这是针对儿童开发的积木，通过积木拓展儿童的空间思维，简单有效。

（2）结构空间的表达。结构空间模型也有多种表现形式，如建筑框架往往是采用抽象的表达方式（图1.10）。

这是一组纯概念型的空间作品，作者使用概念抽象的方式表现空间，通过框架结构和变异表现个性的空间。

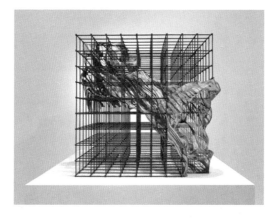

这是一组构造模型，形式极具张力，表现某种建筑空间的精神。具象的模型可以表达抽象的空间，因此学生要首先开阔思维空间，转变思维方式。建立自己独立的空间思维理论体系。

这是绿色建筑的概念模型，通过表现空间的结构，来传递绿色生态建筑的设计理论。

图1.10　概念结构空间模型

使用材料为原木条、线，来表现一种空间的旋律。

（3）表皮空间的表达。表皮建筑是设计界的一种术语，表示在建筑的外围包裹一层优美华丽的外衣，这种外衣很多时候华而不实，其负面作用也不容小视（图 1.11～图 1.13）。

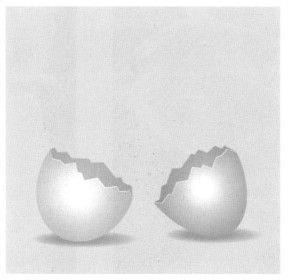

概念空间是虚拟空间的一种思维方式。蛋壳是一种概念思维方式，建筑表皮并不能支撑起整栋建筑，内部仍然需要建筑的构造设计。

流线型体创造流动的空间。

图 1.11　概念表皮空间模型

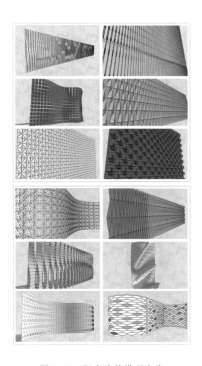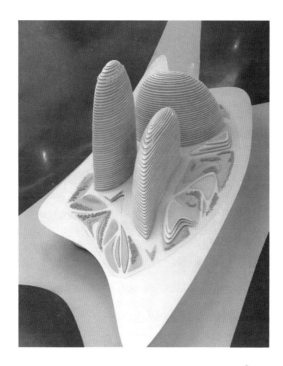

图 1.12　概念建筑模型表皮　　　　图 1.13　北京 SOHO 概念模型/扎哈·哈迪德❶

（4）抽象空间的表达。抽象的空间模型属于个性设计甚至现实中无法实现落成的建筑模型设计，或者只作为研究领域的存在（图 1.14）。

❶　扎哈·哈迪德（Zaha Hadid），伊拉克裔英国女建筑师，2004 年普利兹克建筑奖获得者。

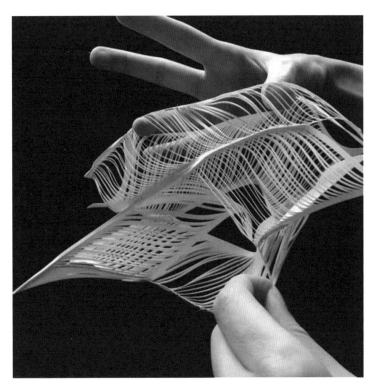
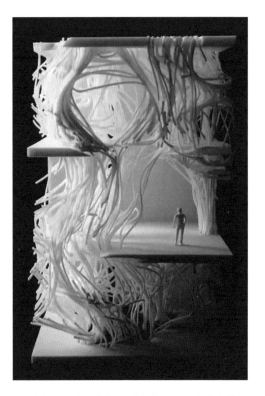

初步的设计概念空间的表达形式多种多样，可以更深度地拓展空间思维。

通过各种材料以抽象的形式表现空间的多变性、复杂性。对空间的感性理解不应局限于四面体，空间是多维的。

图 1.14 抽象空间模型

概念模型的研究是建筑空间研究过程的重要工作，建筑师试图从概念空间形式转换多维空间，而建筑本身的局限性决定了物质之外的空间无法表达，多维空间主要包括以下几种类型：

（1）零维：即奇点，没有长、宽、高，只是单纯的一个点，如黑洞就是奇点。

（2）一维：即线，只有长。

（3）二维：即面，属于平面世界，有长和宽。

（4）三维：即立体空间，有长、宽、高。肉眼看到、感觉到的三维空间就是三维坐标系决定的空间。客观存在空间就是具有长、宽、高三种度量的三维空间。

（5）四维：一个时空的概念。大多数都是指阿尔伯特·爱因斯坦（Albert Einstein）在他的《广义相对论》和《狭义相对论》中提及的"四维时空"概念。我们的宇宙是由时间和空间构成的。时空的关系，是在空间的架构上比普通三维空间的长、宽、高三条轴外又加了一条时间轴，而这条时间的轴是一条虚数值的轴。

2. 具象模型

常见的建筑模型多数是具象模型，也可以称为实用型模型。具象模型更容易被甲方接受，具象模型也可以表现个性的空间，毕竟建筑模型最终目的是建成实际建筑。如商业沙盘、建筑竞标作品等，尽管模型所用的材质有所不同，但仍属于具象模型。具象模型往往客观地还原建筑的颜色、材质、灯光，以及配套的植物、汽车、行人、地形等，是一种相对真实的呈现。具象模型也称为拓展模型或者成品模型，它是创作过程中通过概念草模反复推敲的结果（图 1.15）。拓展模型是介于草模模型和最终成品模型之间的模型，属于成品模型的过渡模型，在实际课程作业过程中往往是图纸→概念草模→拓展模型→成品模型。模型制作中往往把拓展模型和成品模型结合在一起制作，也就是说拓展模型不做单独的制作，学生可以节省工作时间。课程作业不同于研发作品，学生的时间紧工作量大，而且往往是对著名的建筑作品进行模仿设计制作，这样可以直接学习到建筑大师的建筑空间设计精髓。

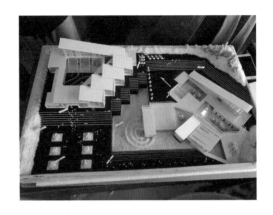

主要材料为椴木片、模型板、白沙、有机玻璃、KT 板等。

图 1.15　成品模型/学生作业

主要材料为椴木片、模型板、白沙、有机玻璃、KT 板等。

主要材料为椴木片、模型板、白沙、有机玻璃、KT 板等。

1.3.2　展览模型

展览模型是指以展览为目的的模型。展览模型的表现方法常用具象形式，模拟真实的场景。这类模型通常由模型公司来完成制作，他们依据设计院提供的建筑平面图、立面图纸，借助机器精雕细刻，人工只负责将切割好的模型材料拼接起来。这种无构思的纯粹制作不是学院派学习的方法。

展览模型一般分为以下两种类型：

（1）商业展览模型，这类模型常见的如商业楼盘的沙盘、展会的模型展览等。商业模型的特点是商业性，能给人带来购买欲，模型借助声光电技术包括 VR 技术，更真实地展示建筑项目。商业模型往往会适度绿地和楼间距的面积与距离，以达到购房者视觉上的舒适感。这类模型的特点之一是体量比较大，比例一般在

1：2000 以上，建筑只做建筑外形的围合，内部空间不作处理，只保证外表的展览效果（图 1.16）。

（2）非商业展览模型，这类模型常见的如城市规划展览馆的模型、博物馆展览的模型等（图 1.17）。

图 1.16　商业沙盘模型

商业沙盘模型主要用材接近实物建筑，真实再现建筑面貌，声、光、电等技术手段的使用使模型显得热闹非凡，创造商业的氛围。

图 1.17　非商业展览模型

这是一组具有民族特色风格的展览模型。

1.3.3　研究模型

研究模型通常指一种古建筑文化遗产的研究模型，如中国古建筑斗拱研究模型、中国古典园林研究模型、古建筑构架研究模型等。研究模型有利于对古建筑技艺的保存和学习（图 1.18～图 1.20）。

图 1.18　传统建筑模型

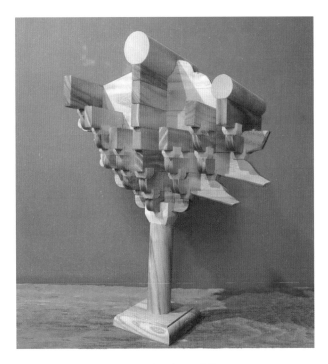

图 1.19　传统建筑斗拱模型

斗拱，又称枓栱、斗科、欂栌、铺作等，是中国汉族建筑特有的一种结构。在立柱顶、额枋和檐檩间或构架间，从枋上加的一层层探出成弓形的承重结构叫拱，拱与拱之间垫的方形木块叫斗，合称斗拱。斗拱的产生和发展有着非常悠久的历史。斗拱的实例最早见于战国时期中山国出土的四龙四凤铜方案。

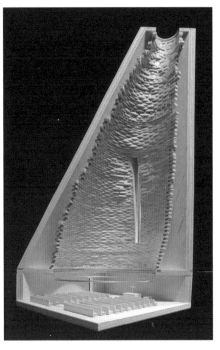

图 1.20　建筑空间研究模型

这是一个教堂的剖面模型，极具个性的空间，顶部的采光井显得空间高耸神秘。

本章小结

通过介绍模型的用途、意义和类型，深入阐述了设计模型的形式、构思方式和制作程序，以及基本研究领域，使学生对"建筑空间模型设计与制作"课程有了一个初步的认识与了解。

复习思考题

1. 模型的意义是什么？
2. 设计模型的种类有哪些？
3. 中国古建筑文化的传承方式有哪些？

第2章
建筑空间模型的构成要素

● 本章概述

建筑模型的构成要素包括人文元素、美学元素、技术元素和空间元素。建筑是由砖、瓦、石材、木材、混凝土、金属等建筑材料构成的一种供人居住和使用的围合空间。建筑也属于艺术和技术的结合体，不只是一个由四面墙体和门窗等围合的房子，房子只是建筑的基本功能，除了使用功能外还包含更多的人文元素和美学元素。每个时代、每个民族都有不同的文化背景和各自的建筑特色。建筑模型就是通过科学技术等手段把构成建筑的各个元素按步骤、按比例设计并制作出来。

● 本章重点

学习美学元素、技术元素在模型中的应用。现代建筑的代表人物以及他们的设计风格和美学观点。

2.1　人文元素

建筑是凝固的音乐，是空间的诗学。而人文是城市建筑空间的灵魂。翻开中、西方建筑史，从春秋战国建筑风貌到明清皇家建筑；从古罗马建筑到文艺复兴建筑；从18世纪工业革命掀起的建筑复古风到第二次世界大战后建筑新思潮，建筑的发展和社会的发展有着千丝万缕的联系，建筑、人文、艺术从未分开。第二次世界大战后西方城市人口暴增，为了满足更多人的居住问题，需要建造更多的建筑。勒·柯布西耶❶说出最著名的口号即"住房是居住的机器"，提出了多米诺结构体系，使房子成为可批量生产的商品，多米诺结果体系的建筑元素就是楼板、结构柱、楼梯、底座，简单且可批量复制（图2.1～图2.3），多米诺结构体系得到前所未有的发展。深化勒·柯布西耶的多米诺机械美学，深化这些建筑基本元素需要研究组合美的法则，现代建筑大师伊东丰雄❷等利用现代美学法则重新定义发展了多米诺结构体系。

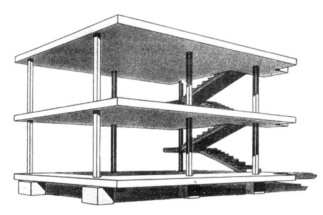

图2.1　多米诺结构体系

多米诺结构体系为1914年柯布西耶在工业革命时代背景下提出的钢筋混凝土板-柱结构体系，其结构骨架由方形的竖向等截面柱、水平肋梁楼板、竖向连接的楼梯构成。其前卫之处在于这是历史上首次提出建筑标准化大规模生产的观念，除此之外，勒·柯布西耶以多米诺结构体系为基础提出的"新建筑五点""机械美学""住宅是居住的机器""匀质空间"等观点对以功能为主的现代主义建筑的产生和发展产生巨大意义。

---

❶　勒·柯布西耶（法文：Le Corbusier，1887年10月6日至1965年8月27日，又译柯布西埃，原名 Charles - édouard Jeanneret - Gris），法国建筑师、都市计划家、作家、画家，是20世纪最重要的建筑师之一，是现代建筑运动的激进分子和主将，被称为"现代建筑的旗手"。勒·柯布西耶与德国的密斯·凡·德·罗、弗兰克·劳埃德·赖特、瓦尔特·格罗皮乌斯并称为四大现代建筑大师，是现代建筑派或国际形式建筑派的主要代表。

❷　伊东丰雄，获得2013年普利兹克建筑奖，是第六位荣获普利兹克建筑奖的日本建筑师。

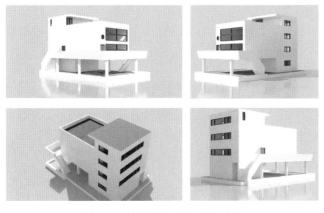

图 2.2　雪铁龙住宅/勒·柯布西耶

"这第一个屋顶带花园的、多米诺结构体系结构框架批量生产的小住宅,将作为开启随后一系列研究的钥匙,这些研究将在若干年内分阶段展开。"——《勒·柯布西耶全集　第 1 卷　1910—1929 年》

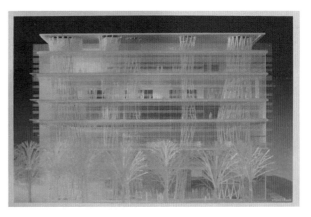

图 2.3　仙台媒体中心/伊东丰雄

伊东丰雄打破了框架结构建筑的匀质空间,呈现出新建筑应有的样子。伊东丰雄是以这样的纯粹和精确的方式,回应了勒·柯布西耶的框架结构和自由平面的"多米诺思想"。

　　第二次世界大战后,新古典建筑复兴,新思潮建筑运动出现了表现派、未来派、风格派等人文艺术方面的派别。格罗皮乌斯、密斯·凡·德·罗❶和法国的柯布西耶等建筑大师提出了现代主义建筑新思潮,现代主义建筑设计思想一直影响至今。

　　建筑师利用点、线、面等图形元素,将建筑空间进行模块化分析、解构、归纳,最终形成理想的建筑作品(图 2.4 和图 2.5)。

图 2.4　乡村混凝土住宅模型 1924/密斯·凡·德·罗

几何体块的穿插可营造丰富的建筑空间。密斯设计的巴塞罗那德国馆也是学生们最喜欢的建筑作品,成为模仿学习空间的优秀资料。

图 2.5　纽约古根海姆博物馆/弗兰克·劳埃德·赖特

古根海姆博物馆,是纽约著名的地标建筑,由美国 20 世纪最著名的建筑师赖特设计。建筑语言纯粹而自然,没有一点多余的装饰。赖特设计的流水别墅也是学生们常常学习模仿研究的对象。

　　进入 21 世纪,新时代的建筑设计在理性设计的基础上融入了文化美学、材料美学和生态美学。将生态与文化融入建筑设计中,如北京的中华尊,上海的金茂大厦,济南 CBD 中心"山""河""泉""城"的设计理念和人文思想等;每个区域的每一种文化都会对建筑的外观形成重要的影响,这也许是新时代的复古风。同时更具个性的解构主义风格和超现实主义风格的建筑也越来越被认可。

---

　　❶　密斯·凡·德·罗,德国建筑师,(1886 年 3 月 27 日至 1969 年 8 月 17 日)也是最著名的现代主义建筑大师之一。密斯坚持"少就是多"的建筑设计哲学,在处理手法上主张流动空间的新概念。

了解现代建筑的发展历程是学习建筑空间模型的理论基础，人文元素是建筑模型的重要元素之一。建筑模型如何传递人文历史，如何利用文化艺术，以及用何种材料制作表现建筑的文化特色，应该是建筑空间模型设计与制作的重要意义（图2.6～图2.11）。

图2.6　汉画砖

中国特有的遗产文化，作为一种传统文化符号，如何应用到建筑空间设计中去，是设计师研究的文化命题。

图2.7　古建筑构件图案

在建筑空间模型设计中如何利用传统文化符号表达传统建筑空间，成为本民族建筑特色的研究方向。

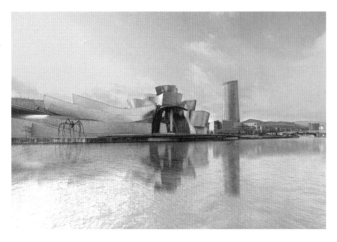

图2.8　西班牙毕尔巴鄂古根海姆美术馆/法兰克·盖瑞

西班牙毕尔巴鄂古根海姆美术馆（Guggenheim Museum Bilbao）位于西班牙的毕尔巴鄂，是一个专门展出现当代艺术作品的美术馆。建筑内外全部采用自由的无规则的曲面，外墙金属板，被认为是世界上最壮观的解构主义反构成主义建筑。

图2.9　北京银行SOHO/扎哈·哈迪德

北京银行SOHO建筑创意源自自然，流动性的建筑动感十足，仿生态的建筑理念在建筑中得到完美的体现。

图2.10　上海金茂大厦

上海金茂大厦位于上海浦东新区黄浦江畔的陆家嘴金融贸易区，高420.5m。由美国芝加哥著名的SOM设计公司设计和规划，设计理念采用中国塔的形式。

图 2.11　北京大兴国际机场内部空间/扎哈·哈迪德

北京大兴国际机场的主创设计者是扎哈·哈迪德，这是她第一次尝试机场设计。就如同业内对扎哈本人的创新和实验精神所评价的那样："她不断地推动着我们用模型和图纸去实验，不断地创造着项目的可能性"，扎哈·哈迪德这样的实验精神也充分表现在大兴机场的设计中。北京大兴国际机场总体规划以凤凰作为意象，与首都机场"龙"的意象一同隐喻着中国传统文化与现代主义建筑审美上的结合，是中国传统文化与现代主义设计的实验。

2.2　美学元素

2.2.1　平面构成

人的视觉形式首先是平面的视觉，是通过视网膜成像所传达大脑的一种平面的视觉图形，首先这个图形是静止的，好比拍照片，我们总是想找一个最佳的视角展现作品，寻找最佳视角的构图方式和过程就成了平面构成的基本要素。平面构成是综合设计中最基本的训练，也是建筑空间设计中的基本元素，它不仅是指平面的空间构成而且还是立面、剖面、顶面等所有一切形成面的构成元素。它是在视觉的平面上按照一定的设计原理和方法而呈现的多种视觉形式。通过学习空间美学构成方法，训练培养空间设计思维方式（图 2.12～图 2.16）。

图 2.12　线和面构成
表现虚实、对比、方向和空间。

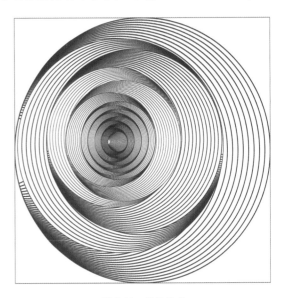

图 2.13　线的构成
表现韵律、疏密、放射、动感、层次和空间。

图 2.14 基本形构成

以一种图形元素或者自然元素为基本形而设计的平面构成，表现一种空间概念、自然现象或者文化。

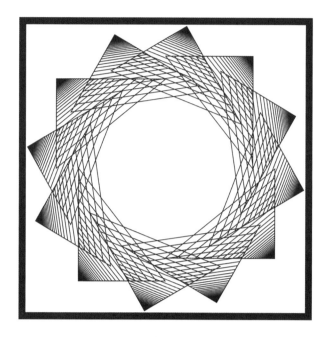

图 2.15 线的构成

采用一种基本形，通过重复排列，表现韵律、放射、空间、渐变和虚实等美感。

图 2.16 重复构成

通过构成骨骼将基本图形重复排列，并采用虚实、对比、大小、点线面结合的方式组合成均衡的图案画面。

　　平面构成在建筑空间模型设计的总平面布局中经常是和建筑的平面功能布局相结合，既能满足空间的使用功能又能达到视觉的美观效果。如何利用建筑物理的物质形式来表现和处理平面构成，就需要具有理性的、逻辑的思维，利用门、窗、墙、玻璃、开洞等以达到空间的多种美学规律。平面构成训练一般使用黑白两种颜色，这样可以更准确、集中地表现形态的美。平面的构成表现形成往往使用抽象的点、线、面形式表现物体，用这种概念化的符号来表现自然环境变化的规律，同时也与建筑的空间形式协调一致（图 2.17～图 2.20）。

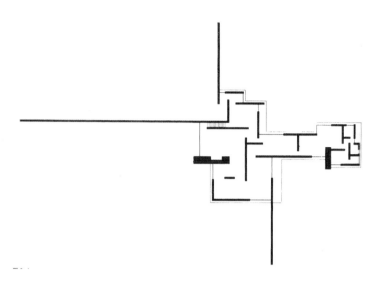

图 2.17　乡村砖住宅平面图/密斯·凡·德·罗

密斯设计的乡村砖建筑，该建筑的平面图由维也纳·伯拉瑟绘制，现代的线性平面构成设计将建筑空间分割得错落有致。

图 2.18　建筑墙体构成

新时代建筑的表皮一直是当代建筑师研究的内容主题之一。

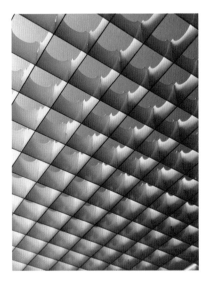

图 2.19　金属建筑表皮构成

金属建筑表皮的材料设计，体现构成的魅力、光影的变化。

图 2.20　建筑楼梯构成

弧线旋转楼梯成为一种美妙的动感构成艺术。

2.2.2　立体构成

建筑的立体构成是运用建筑各个立面的平面构成经过科学技术和美学法则组合而成的三维空间。立体构成是学习空间设计或者造型设计的专业基础。学生通过学习立体构成可以在大脑内部建立一种空间的模型，从空间思维角度考虑设计的内容，各个建筑立面的、平面的处理形式不仅体现平面的布局设计，更是三维空间各个面的呼应关系、逻辑关系、美学规律、使用关系等所展现出来的建筑的基本功能。通过立体构成的训练可以提高学生的社交能力以及审美水平，它是初学者必须掌握的一门专业基础。

立体构成的研究领域非常广泛，几乎涵盖所有的人类使用的设施和工业产品，包括建筑、汽车、器皿、服装、雕塑、机器等，全部是立体构成设计的产物。建筑的构成是在平面构成的基础上增加纵轴从而形成三维空间的立体构成（图 2.21～图 2.31）。

图 2.21 学生立体构成作业
使用材料为木条，通过方形的大小旋转，塑造一种动感空间。

图 2.22 立体构成
以单个图形元素组合而成的立体构成。

图 2.23 建筑构成
室内空间的照片，拍摄水泥墙体与顶部的结合营造韵律的室内空间。

图 2.24 建筑外墙局部构成
用金属材料的刚性来表现空间的柔性。

图 2.25 使用曲线的建筑内部空间构成
建筑空间设计使用曲线使室内充满了动感和层次。

图 2.26 使用超现实手法的建筑内部空间构成
超现实的手法表现建筑空间，体现建筑的个性之美。

图 2.27　表皮的建筑构成

以一种基本形为元素重复构成的一种立体构成，通过变异、扭曲、韵律、光线等展现一种动感美学。从建筑物理层面上解决建筑保温隔热等技术功能，进而达到艺术与技术的完美结合。

图 2.28　外墙构成

建筑不仅是一个整体美的空间，还是局部细节美的空间。

图 2.29　金属楼梯构成

金属楼梯简洁的处理方式，光线投过镂空部分，投射到墙面形成富有层次的动感光影。

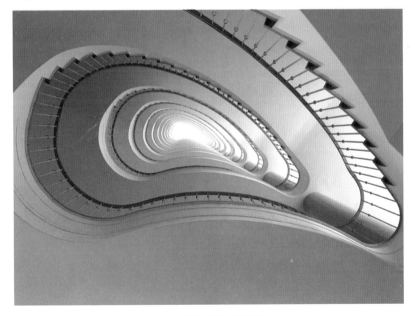

图 2.30　扭曲空间的楼梯构成

扭曲的空间，变形的平面布局，给人一种穿越时空的感觉。

图 2.31　钢结构立体构成

钢结构的框架不仅能提供结构的粗狂之魅，还可以更好地达到采光的目的。

2.2.3 色彩构成

　　色彩构成是构成设计基础的重要组成部分，也是平面的另一种表现形式。色彩构成就是按照构成的原则，根据色彩的属性组合，调配出适合某种环境或者达到某种目的所进行的创造过程。色彩构成中的基本要素是色相、明度、色度。作为基础训练，色彩构成一般从色彩的形成及知觉原理入手，分别从色彩的物理性、感知色彩的生理性、色彩心理、配色原则及色彩调和等方面进行系统的研究。建筑空间的色彩构成研究就是研究分析出各种颜色在空间中对人的心理产生不同的心理感受，比如，红、黄、蓝、绿、紫所给人们的心理感应是完全不同的：红色给人喜庆、温暖、热烈、兴奋、警示的感觉；蓝色给人清爽、冷静、干净、沉静、冷漠、寒冷、深邃的感觉；绿色给人生机、活泼、力量、向往、开心、健康的感觉；紫色给人高贵、神秘、浪漫、隐晦、妖艳的感觉。同一种颜色的色度、明度不同变化所带来的效果也随之变化，任何颜色都有对立面，如同任何事物都是矛盾体一样，使用不好就会朝着对立面方向发展，不但达不到设计目的反而会适得其反。色彩是通过光的传递产生的，由此引申出建筑空间照明设计的重要性。光波本身是没有色彩的，色彩感觉是光波通过我们的眼睛才得以感知的。颜色是人眼在视网膜上收集的不同的可见光，通过信号传递给大脑后所产生的主观概念（图2.32～图2.34）。

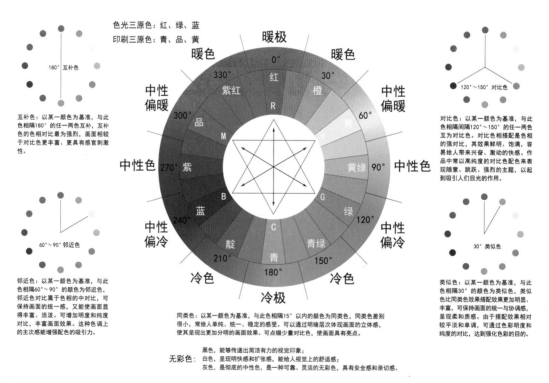

图 2.32　色相环

色相环是色彩构成中颜色分类的方法。色彩设计是设计专业和美术专业的学生必学的一门课程。

图 2.33　色彩搭配练习图

运用同类色、邻近色、对比色以及颜色的冷暖变化组合而成的色彩构成图案。

降低色彩的纯度，提高色彩的明度，用来表现清晨、清凉、春天的感觉。

提高色彩的纯度来表现中午、炎热、夏天的感觉。

冷色调与暖色调搭配使用，表现傍晚、冬天的感觉。

图 2.34（一）　四季色彩构成

使用冷色调来表现冬天寒冷的感觉。　　　　　　　　　　　　　　使用暖色调来表现秋天的色彩效果。

图 2.34（二）　四季色彩构成

2.3　技术元素

2.3.1　尺度

　　建筑是为人类提供的住所，尺度便是空间研究的主要问题之一。在文明社会初期，建筑的功能只是为了躲避自然灾害或者动物伤害，建筑功能单一，使得建筑尺度受限制。对于建筑功能的不同，尺度的大小也不同，如古代用于防御工事的高大城墙，现代用于展览的大型展览馆，高耸入云的 CBD 大厦等。本节重点讲述小型居住建筑的尺度，任何大尺度的建筑都是建立在小型空间的基础之上并进行空间的扩展。基础的研究对象都是人体的尺度以及人体活动的最小空间范围。小型居住空间的尺度满足的人群数量少，但研究的细节一点都不少。

　　建筑模型的尺度通常由模型的使用用途来决定其大小，是通过建筑空间的实际尺寸按照一定比例缩放所得。

　　现代建筑发展史上的"模度"❶ 是为了更方便设计建筑的比例尺度的工具。柯布西耶设计的马赛公寓（1952 年竣工），首次将"模度"应用于设计中。整幢建筑长 140m 高 70m，仅用 15 种模度尺寸设计而成，并且建筑从里到外都体现了人的尺度，并把模度尺雕刻在建筑墙体上。柯布西耶的"模度"的尺度在建筑和规划上的使用，赋予了建筑理性之美的语言（图 2.35～图 2.37）。

---

　　❶ "模度"是柯布西耶从人体尺度出发，选定下垂手臂、脐、头顶、上伸手臂四个部位为控制点，与地面距离分别为 86cm、113cm、183cm、226cm。这些数值之间存在着两种关系：一是黄金比率关系；二是上伸手臂高恰为脐高的 2 倍，即 226cm 和 113cm。利用这两个数值为基准，插入其他相应数值，形成两套级数，前者称为"红尺"，后者称为"蓝尺"。将红尺、蓝尺重合，作为横向和纵向坐标，其相交形成的许多大小不同的正方形和长方形称为"模度"。

图 2.35　萨伏伊别墅/勒·柯布西耶

图 2.36　马赛公寓

1926 年，柯布西耶提出"新建筑五点"，具体内容如下：

(1) 底层独立支柱——底层透空，由支柱把建筑体形举离地面。

(2) 屋顶花园——平屋顶，布置屋顶花园，恢复被房屋占用的
地面。

(3) 自由平面——承重柱与分隔墙体分离，内部之间按使用要求自
由间隔。

(4) 横向——承重结构与围护结构分离，开设水平连续长条窗。

(5) 自由立面——承重结构与围护结构分离，外墙成为可供自由处
理的薄壁。

图 2.37　模度尺

2.3.2　人体工程学

人体工程学起源于欧美，最早是在工业时代的工业生产中研究人与

机械之间的协调关系，根据《住宅设计规范》(GB 50096—2021) 列出制作空间模型的常用尺寸，见表 2.1。

表 2.1　　　　　　　　　　　　　　　制作空间模型的常用尺寸　　　　　　　　　　　　　　　单位：m

类别	序号	名　称	数　据	序号	名　称	数　据
门窗	1	住宅入户门（宽×高）	(0.9～1) × (2～2.4)	2	双门（宽×高）	(1.2～1.8) × (2～2.4)
	3	住宅分户门（宽×高）	(0.8～0.9) × (2～2.4)	4	住宅窗（宽×高）	(0.6～∞) × (1.5～1.8)
	5	住宅厨卫门（宽×高）	(0.7～0.8) × (2～2.4)	6	窗台高	0.9
	7	单门（宽×高）	1× (2～2.4)	8	落地窗	2.4～7.2
过道	1	单人过道宽度	1～1.2	2	多人过道宽度	1.5～2.4
阳台	1	台高	0.9～1.2	2	进深	1.5～1.8
女儿墙	1	多层	1～1.2	2	高层	1.5～1.8
楼梯	1	扶手高度	0.9	2	台阶（宽×高）	0.3×0.15
	3	梯段宽度	≥1.1	4	梯段平台	≥1.2
层高	1	低层住宅	3～3.5	2	多层住宅	2.8～2.9

人体工程学已经有40多年的独立学科发展历史，如在第二次世界大战中，研究人体工程学在军事装备舱体空间中的设计。第二次世界大战后，百废待兴，各国把人体工程学的实践和研究成果迅速有效地运用到工业生产、空间技术、建筑及室内设计中去，1960年，创建了国际人体工程学协会。当今时代，建筑空间设计中重视"以人为本"，强调空间为人服务。设计在"以人为本"为出发点的前提下，研究人的衣、食、住、行等一切生活、生产活动所需的空间。通过运用人体计测手段，研究人在建筑空间的使用功能、心理感应、生理需求等方面的合理空间协调关系，以达到空间的最佳使用效果，减少二氧化碳的排放，给人提供健康、安全、舒适的生活空间和高效能的工作空间，达到建筑空间的可持续发展（图2.38）。

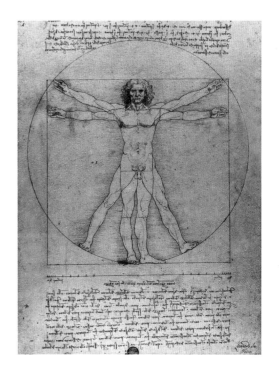

图2.38 维特鲁威人/达·芬奇
维特鲁威人是由达·芬奇在1487年左右创造的。

2.3.3 比例

比例的范围比较广，一是美学构成范畴；二是尺度范畴；三是建筑模型的空间比例范畴。建筑空间的比例是建立在人体工程学基础之上的研究范畴。所有的建筑空间设计完毕后，按照一定比例尺度缩放建筑，使之成为最佳的人眼可视化范围的模型。需要说明的是，这里的比例是指建筑模型的缩放比例，前面的"模度"属于建筑设计尺度和空间比例问题，在我们设计建筑时使用的是空间比例，而进行建筑模型制作时使用的缩放比例，即按照建筑实际尺寸按一定的比例进行缩放，以达到能够全方位展现建筑设计本身的一种比例尺度。这种缩放比例远比建筑设计的空间尺度要简单容易得多。

常用模型比例有1:50、1:100、1:300、1:500、1:1000、1:1500、1:2000、1:3000等。比例尺越大越适合做局部模型，比例尺越小越适合做大场景的模型。

比例尺公式：

$$图上尺度 = 实际尺度 \times 比例尺$$

$$实际尺度 = 图上尺度 \div 比例尺$$

$$比例尺 = 图上尺度 \div 实际尺度$$

在比例尺计算中要注意单位间的换算，如图中用"厘米"，实地用"千米"。

2.4 空间元素

2.4.1 模型主体

建筑模型的主体是指建筑模型的空间主体和空间结构支撑部分，包括承台底板、地下室、标准层、屋顶、墙体、内部空间、通道等。制作建筑主体所选用的材料应该统一，不应过于复杂烦琐，尤其是墙体的制作，更要尊重设计的规范，对墙体的厚度做到按照比例制作。门洞的开口也是如此（图2.39～图2.42）。

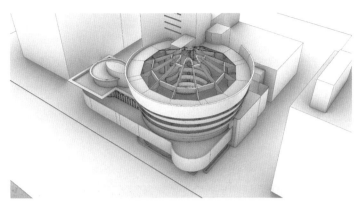

图 2.39　纽约古根海姆博物馆模型/弗兰克·劳埃德·赖特

古根海姆博物馆坐落在纽约第五号大街上，地段面积约 50m×70m，主体部分是一个很大的螺旋形建筑，里面有一个高约 30m 的圆筒形空间，周围有盘旋而上的螺旋坡道。

图 2.40　小筱邸/安藤忠雄

学生临摹作业，拍摄时拿掉了顶盖，为了方便看到内部空间。

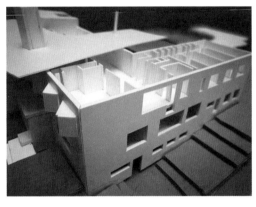

图 2.41　模型局部/学生作业

移动顶板可以看清内部空间结构和开窗的样式。

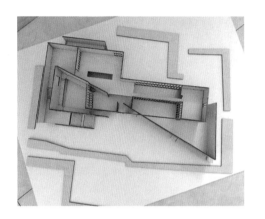

图 2.42　模型平面空间/学生作业

每一个空间的比例关系至关重要，如交通流线的设计、空间的使用。

2.4.2　模型构件

　　模型构件是模型的重要组成部分，主要是指除了建筑模型主体外的模型构成组件，如楼梯、门窗、玻璃、台阶、装饰等。制作构件是最费力费时的工作，而且是最容易出错的地方，也是很难出彩的地方。尤其是构件的比例尺度往往是学生容易忽视的地方。模型基础构件制作的好坏往往会影响整个模型的效果（图 2.43～图 2.45）。

图 2.43　模型局部

图 2.44　模型楼梯

图 2.45　模型细部构件

2.4.3 环境配景

环境配景是整体模型的重要组成部分,单体建筑模型不能独立于环境而单独存在。正确适度地处理好地形、植被、马路、车辆、人物等配景与主体的协调关系,使建筑融于环境,但也不要过度表现环境配景,正确合理地选择表达配景的方式,使建筑主体模型更突出更完美(图2.46~图2.49)。

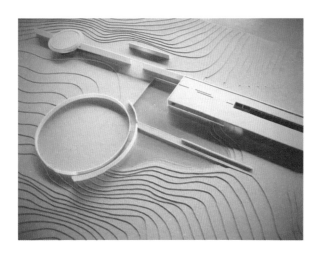

图 2.46　Tom Ford 私人马场模型/安藤忠雄
安藤忠雄的经典设计作品,本模型的整体色调、材质和谐、整洁统一,地形处理得优美自然,并没有装点植被,表现了一种高层次的设计作品。

图 2.47　某办公楼设计方案模型
商业性质的设计作品,内容比较全面,可以全方位地学习参照模型制作的内容。

图 2.48　上海国际医学园区规划方案模型
此模型面积大、内容多,模型元素一应俱全,包含了建筑、交通、地形、植被、水系等所有元素。规划构图方式采用中心发散式。

图 2.49(一)　某滨水仿古商业街模型
此模型比较具象地表现中国古建筑的空间布局,以及街景的空间关系处理,模型材质模仿真实建筑材质。

图 2.49（二）　某滨水仿古商业街模型
通过水体以及白色体块建筑，突出表现中国古
建筑的空间布局。

本章小结

　　本章从现代建筑空间设计的发展方面系统讲述制作建筑模型的构成要素；从建筑的文化语言方面探讨模型的设计制作；从美学的元素如平面构成、立体构成、色彩构成方面阐释美学对建筑设计与模型的关系；从建筑技术层面分类说明尺度比例与人体工程学对空间模型的影响，以及建筑模型的物理元素的分类。

　　通过案例分析、作品赏析等形式，使学生感受中华优秀文化内在的精神品质，增强文化自信；培养学生为社会主义奋斗的责任感和使命感，树立正确的艺术观；培养学生的审美素养，激发内心对民族艺术的热爱和自豪感，对民族文化的尊重。

复习思考题

1. 建筑模型的构成要素有哪些？
2. 美学元素的基本构成有哪些？如何应用？
3. 建筑技术元素在模型中的应用如何体现？
4. 单体建筑的基本构成元素有哪些？
5. 熟练掌握配景的设计制作方法、概念与具象的表达方式。

第3章
材料与工具

● **本章概述**

本章主要讲述制作建筑空间模型的常用材料与常用工具。选材的主要依据是建筑模型的类型和模型制作的阶段，不同的材料所表现出来的模型效果是不同的，学生根据作品的形式选择使用合适的模型材质，熟悉各种材质的表现效果和制作工艺，才能更完美地展现建筑模型作品。比如草模通常使用卡纸、瓦楞纸、泡沫板、PVC板、PS板、聚苯乙烯发泡板、海绵等便于表现大块面的材料，也便于修改模型。设计模型的成品模型常采用ABS模型板、椴木片、亚克力有机玻璃板、U胶、金属、单面瓦楞纸等。高品质的商业展览模型需要使用高品质的材料，模型的材料与常用的室内装饰材料密不可分，本章分类说明每一种材料的特性和制作工艺效果；分类说明各种常用的制作工具，如切割工具、黏合工具、打磨工具、喷涂工具的使用方法等。

本章通过系统讲述模型材料与工具的使用，培养学生的工匠精神。

● **本章重点**

重点学习各种材料在模型制作中的应用效果，如何准确地选择模型材料，熟练操作制作工具的使用方法。

3.1　常用材料

3.1.1　纸板材料

纸板材料是常用的模型制作材料，它的优点是利于切割、重量轻便于加工、价格便宜。因纸板材质自身不防水、黏合不方便、分量轻等缺陷，一般用来做草模使用。纸板材料的种类也很多，下面具体介绍用于做模型的纸板材料，便于选择使用。

3.1.1.1　卡纸

卡纸通常是指重量为 150～400g/m² 的厚纸，厚度在 0.1～0.5mm 之间，颜色有白色、黑色、牛皮色等，尺寸大小有 A2、A3、A4、八开、四开（图3.1～图3.3）。

图3.1　白卡纸

图3.2　卡纸模型示例一

图 3.3　卡纸模型示例二

3.1.1.2　模型纸板

　　模型纸板也是一种卡纸，是厚度在 0.5～3mm 之间的一种纸纤维板，纸板的重量可达到 1800g/m^2，尺寸大小有 A2、A3、A4、八开、四开，通常用来制作模型草模，也可以用作正稿。其优点是加工容易、切割方便；缺点是制作大体量模型会变形，对接处不好处理、不整齐等。颜色有白色、土黄色、灰色、黑色等（图 3.4～图 3.6）。

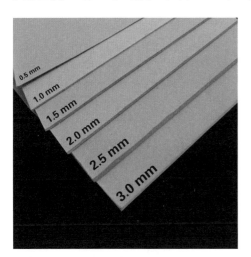

图 3.4　模型纸板示例一

图 3.5　模型纸板示例二

图 3.6　纸板模型制作

3.1.1.3 瓦楞纸

瓦楞纸是由秸秆经过发酵打碎制成纸浆再加入专用胶水压制成型的一种生态再生纸材，瓦楞纸分为单瓦楞纸板和双瓦楞纸板，按照瓦楞的尺寸分为 A、B、C、E、F、G 六种类型，见表 3.1。瓦楞纸的发明和应用有100 多年的历史，瓦楞纸具有质量轻、成本低、强度大、易加工、搬运方便、储存方便等优点，并且可以回收再利用，使用环保、便捷，常用于各种产品的包装。瓦楞纸常常在模型制作中用来制作地形，或者草模的制作（图 3.7～图 3.10）。

表 3.1　　　　　　　　　　　　　　　　瓦楞纸标准尺寸

楞型	楞高/mm	楞数/（个/300mm）	楞型	楞高/mm	楞数/（个/300mm）
A	4.5～5.0	34±3	E	1.1～2.0	93±6
B	2.5～3.0	50±4	F	0.6～0.9	136±20
C	3.5～4.0	41±3	G	0.4～0.55	185±22

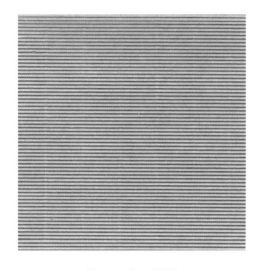

图 3.7　单面瓦楞纸

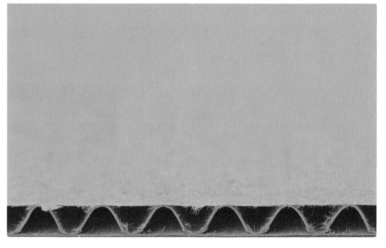

图 3.8　双面瓦楞纸

图 3.9　蜂窝型瓦楞纸

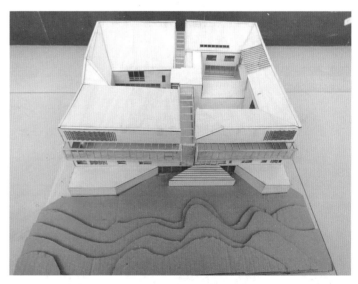

图 3.10　木片与瓦楞纸结合

瓦楞纸在地形制作中的利用。

3.1.1.4 波纹纸

波纹纸是一种模仿水纹的纸材，表面粗糙，可用来制作水面，有一种波纹塑料也可以制作水面。波纹纸还可以制作特质的墙面（图 3.11～图 3.12）。

图 3.11 波纹纸示例一　　　　　　　图 3.12 波纹纸示例二

3.1.2 木材

木材是最好的模型材料之一。在木材大类下可以分为原木材（如实木、木方）和合成木材（如各种合成板、软木、模型木片）。

3.1.2.1 实木

实木就是将原木加工成板材或者木方后的半成品木材，可用来制作家具或者装修。实木的种类很多，常用做家具的实木属于硬木，价格昂贵，制作模型加工困难，如楠木、红木、花梨木、柏木、橡木、樟木、胡桃木、樱桃木、水曲柳木、榆木等。模型常用易加工、价格适中的实木，如榉木、橡胶木、杉木、椴木、桦木、桐木、枫木、松木、杨木等。每种实木的纹理花纹和颜色色泽不同，带来的视觉效果也不同，用户应根据建筑的特点选择木材，如古建筑模型，应选择偏暗偏红的木材表现更佳（图 3.13～图 3.30）。

图 3.13 红木　　　　　　图 3.14 非洲花梨木　　　　　　图 3.15 金丝楠木
价格昂贵，材质高贵华　　　价格昂贵，非特殊模型没必要　　价格昂贵，材质高贵华丽，质地坚硬。非特殊模型
丽，非特殊模型没必要　　使用这种材料。　　　　　　　　没必要使用这种材料。
使用这种材料。

图 3.16　柏木

木材少有，价格昂贵，材质坚硬。

图 3.17　橡木

价格适中，可用于模型研究。

图 3.18　黑胡桃木

价格适中，可用于模型研究。

图 3.19　浅胡桃木

价格适中，颜色柔和，质感细腻，家具首选木材。

图 3.20　水曲柳木

价格适中，市场保有量高，家具常用木材，可用于模型研究。

图 3.21　老榆木

材质较粗，个性突出，价格较低，可用于古建筑模型研究。

图 3.22　榉木

色泽细腻，常见木材。

图 3.23　橡胶木

材质较软，加工容易，价格低廉，常制作成插接板。

图 3.24　椴木

材质较软，加工容易，价格低廉，常制作成单层和三层胶合模型板。

图 3.25　桦木

材质较软，加工容易，价格低廉，常制作成单层和三层胶合模型板。

图 3.26　桐木

材质较软，加工容易，价格低廉，可用于底板制作。

图 3.27　松木

材质较软，加工容易，价格低廉，不适合模型细部制作。

图 3.28　杨木

材质较软，加工容易，价格低廉，不适合模型细部制作，常被制作成胶合板。

图 3.29　红木古建筑模型

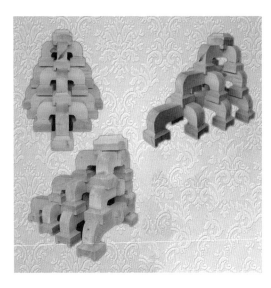

图 3.30　实木古建筑模型构件

3.1.2.2 胶合板

胶合板是将实木软化后，用胶纵横叠加后机器压制而成。长宽规格为 1220mm×2440mm，常见厚度为 3mm、5mm、9mm、12mm、15mm、18mm 等。主要实木有山樟、柳树、杨木、桉木、榉木、桦木等。胶合板的品种有很多种，从面层处理方面大体分类可分为两类：一类是原木面层胶合板，这类板材适合结合木方做基础龙骨，如家具内部骨架、展台骨架等，表面需要贴饰面板作为装饰；另一类是表面处理过的免漆胶合板，可以直接用于装饰表面，不用再贴饰面板。胶合板相对于刨花板价格较贵，胶合板的特点是坚固、耐用、平整、重量轻、具有木头的特性等，常用于建筑装修、家具、建筑模型基础等（图 3.31～图 3.32）。

图 3.31 阻燃胶合板
常用于装修基材使用，也可以制作板式家具。通常用于规划建筑模型的底板制作，坚固耐用，抗变形。

图 3.32 桦木胶合板
常用于装修基材使用，也可以制作板式家具。通常用于规划建筑模型的底板制作，坚固耐用，抗变形。

3.1.2.3 饰面板

饰面板是在合成板材的表面贴上一层模仿各种木纹图案的人造皮或者是原木纹薄切。饰面板是装饰装修的常用材料，常用于家具的贴面、衣柜的装饰等。模型的材料可用于制作底板等。饰面板常采用三层胶合板结合，随着时代的发展，各类板材饰面做得越来越好，此类面板逐渐被集成板材替代。

3.1.2.4 刨花板

刨花板也称为颗粒板，是一种颗粒木屑或者锯末经过溶胶搅匀压制而成，具有防潮性能好、防火等优点。长宽规格为 1220mm×2440mm，常见厚度有 9mm、12mm、15mm、18mm 等。两面表层被压制各种木纹颜色的防火板，可以有效阻隔甲醛的释放。刨花板的分量重，常用来制作柜类家具，如橱柜、衣柜、展台，也可代替胶合板制作模型承台底部框架（图 3.33～图 3.35）。

图 3.33 刨花板面层
刨花板的一种产品，不做表面精细处理，使之表层裸露粗犷木屑，具有强烈的视觉艺术效果。

图 3.34　普通刨花板

常用来制作橱柜，建模模型的台面也可以使用，具有防潮、坚固、廉价等特点。缺点是比较重。

图 3.35　防火免漆刨花板

常用来制作橱柜、办公家具等。建模模型的台面也可以使用，具有防潮、耐火等特点，缺点是比较重。

3.1.2.5　密度板

密度板的全称为密度纤维板，是以木质纤维或其他植物纤维为原料，经纤维制备，施加合成树脂，在加热加压的条件下压制成的板材。按其密度可分为高密度纤维板、中密度纤维板和低密度纤维板。其优点是表面平整、细腻、装饰性能较好，缺点是遇水膨胀、不防潮、易变形、分量较重、吃钉力差等。长宽规格有 1220mm×2440mm 和 1525mm×2440mm 两种，常见产品厚度为 3～30mm。市面上有一种奥松板其实也是一种中密度板，它与密度板的制作流程完全相同，只是奥松板原料选用的是辐射松原木，而密度板是采用木材或植物纤维进行分离、铺装、热压等工序制作而成，这就从根本上决定了奥松板和密度板在外观和性能上的区别，奥松板常见厚度为 2.5～30mm。密度板按表层分类也可以分为免漆密度板和普通密度板，可用做模型的主体和底板承台（图 3.36～图 3.38）。

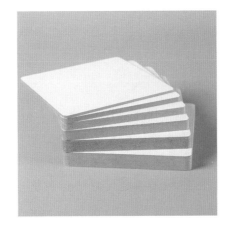

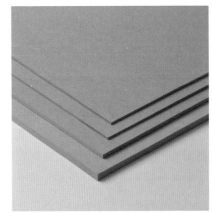

图 3.36　普通密度板

表面粗糙，常用于基层衬板或者构造板。

图 3.37　免漆密度板

不需要额外装饰面板，表面光滑平整，价格适中。

图 3.38　奥松板

表面粗糙，常用于基层衬板。

3.1.2.6　木方

木方是常用的建筑装修材料，用处非常广泛，通常用来做结构骨架，吊顶木龙骨，如展览展厅骨架、雕塑骨架、模型骨架等。常见尺寸为 4000mm 长，截面长宽为 20mm×30mm、30mm×40mm、40mm×40mm 等。在木作模型中经常使用纤细的方形木条和圆形木条用作结构柱或者廊架等（图 3.39～图 3.45）。

图 3.39　木方样式一

普通松木木方，价格便宜，通常用作木龙骨使用。

图 3.40　木方样式二

图 3.41　微型木方条

微型木方条是制作模型常用的材料，常见截面尺寸为 3～10mm，可根据图纸尺寸比例选择合适的木条，通常用来制作柱体等结构部件。

图 3.42　圆形木条

圆形木条是制作模型常用的材料，根据图纸尺寸比例，选择合适的木方，通常用于制作柱体等结构部件。

图 3.43　冰糕棍木条

利用冰糕棍制作概念模型、模型雕塑等创意立体构成。

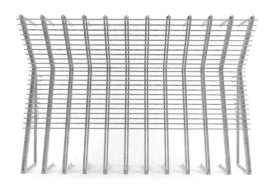

图 3.44　木条工艺实例

利用木条制作建筑小品，或者建筑构件。

3.1.2.7　软木

　　软木，俗称水松、木栓、栓皮，木皮具有非常好的弹性、密封性、隔热性、隔音性、电绝缘性和耐摩擦性，具有无毒、无味、比重小、手感柔软、不易着火等优点。我国春秋时代已有软木的记载。生产软木的主要树种有木栓栎、栓皮栎，通常 20 年生或以上、胸径大于 20cm 的植株即可进行第一次采剥，所得的皮称头道皮或初生皮。之后每隔 10～20 年再采剥，所得的皮称再生皮，皮厚在 2cm 以上。我国陕西境内的秦巴山区，同样蕴涵丰富的软木资源，占全国软木资源的 50% 以上，因此陕西被业内称为"软木之都"。

　　软木是制作模型地形的好材料，便于切割，弯曲自然（图 3.46、图 3.47）。

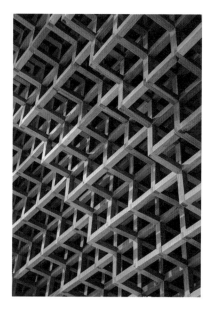

图 3.45　木方模型

使用中国传统榫卯结构穿插而成的木结构工艺木作。

图 3.46　软木示例一

软木是建模模型中常用的材料之一，常用于制作地形。

图 3.47　软木示例二

比较厚的软木也可以在模型制作的特殊情况下使用。

3.1.2.8　模型木片

模型木片采用纯实木压板制作而成，三层人造板，边缘切割整齐，长宽尺寸标准，模型木片是常用的建筑模型材料，重量轻，易加工，徒手即可切割。模型木片的特点是重量轻、视觉效果好、模型品质高。常用的木片有椴木片、桐木片等模型木片产品厚度为 1.5mm、2mm、3mm、5mm 等，产品尺寸为 50mm×200mm、100mm×100mm、100mm×200mm、200mm×200mm、200mm×300mm、400mm×400mm、450mm×450mm 等（图 3.48～图 3.50）。

3.1.3　塑料

塑料的种类比较多，但大多数学生对塑料非常陌生，因此有必要介绍一下，便于日后做作业选择材料时不知所措，设计模型的材料多数选用塑料。

图 3.48　椴木片

常用的建模模型材料，有单层和多层之分，厚度为 1～5mm。

图 3.49　桦木片

常用的建模模型材料，有单层和多层之分，1～5mm 都有。

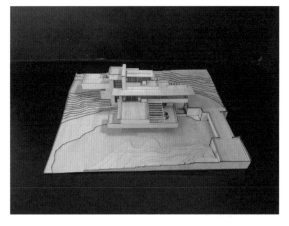

图 3.50　木片模型/学生作业

采用 3mm 椴木片材料，使用激光切割人工拼接制作的模型。

塑料是所有化合物合成材料的统称。塑料是以单体为原料，通过加聚或缩聚反应聚合而成的高分子化合物，其抗形变能力中等，介于纤维和橡胶之间，由合成树脂及填料、增塑剂、稳定剂、润滑剂、色料等添加剂组成。

塑料的主要成分是树脂。塑料的基本性能主要决定于树脂的本性，但添加剂也起着重要作用。有些塑料基本上是由合成树脂组成的，不含或少含添加剂，如有机玻璃、聚苯乙烯等。

3.1.3.1 亚克力板

亚克力是由甲基丙烯酸甲酯聚合而成的高分子化合物，分为无色透明、有色透明、珠光、压花有机玻璃四种（图3.51～图3.54）。亚克力板常被用来制作广告灯箱。具有透光性好，颜色纯净色彩丰富，易加工、使用寿命长等特点。

3.1.3.2 PVC雪弗板

PVC雪弗板又称为PVC发泡板或安迪板，以聚氯乙烯为主要原料，加入发泡剂、阻燃剂、抗老化剂，采用专用设备挤压成型。常见的颜色为白色、灰色和黑色。

PVC雪弗板也是我们常说的建筑模型板，做模型常用的材料。优点是价格便宜，加工容易，颜色纯净，以白色和黑色为主；缺点是质地软分量轻，不容易出细节，更适合做概念模型或者草模。PVC雪弗板和亚克力板的区别是：PVC雪弗板更软，容易切割，亚克力板硬度高，手工切割不容易，必须使用勾刀或者机器切割；亚克力板比PVC板更环保；亚克力板透明度好，一般为全透明，PVC雪弗板一般是半透明或不透明的材料；亚克力板的原料稍微贵一些，PVC雪弗板的原料便宜，所以在价格上PVC雪弗板的价格会更便宜（图3.55～图3.59）。

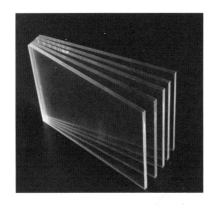

图3.51 亚克力板示例一

图3.52 亚克力板示例二

图3.53 亚克力板示例三

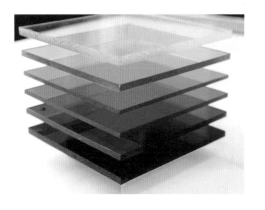

图3.54 彩色亚克力板

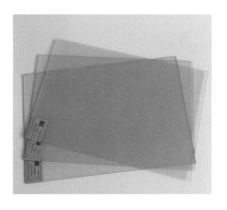

图3.55 PVC雪弗板示例一

3.1.3.3　PS 板

PS 板俗称有机板，是一种热塑性塑料，透明度比较高（透光率仅次于有机玻璃），有优良的电绝缘性，高频绝缘性尤佳，质较脆，抗冲击性、耐候性及耐老化性较有机玻璃差，机械加工性质及热加工性质不如有机玻璃，能耐一般的化学腐蚀，化学性质稳定，硬度与有机玻璃相若，吸水率及热膨胀系数小于有机玻璃，价格较有机玻璃低廉。该产品以聚苯乙烯为主要原料，经挤出而成，能自由着色，无嗅无味无毒，不致菌类生长，具有刚性、绝缘、印刷性好等优点，主要用于包装、容器设备、日用装潢、普通电器以及建筑等行业。PS 板是以聚苯乙烯颗粒模塑料在挤板机组上挤出成型的高分子有机板材（图 3.60）。

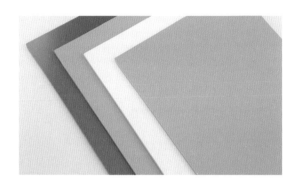

图 3.56　PVC 雪弗板示例二　　　图 3.57　PVC 雪弗板示例三　　　图 3.58　PVC 雪弗板示例四

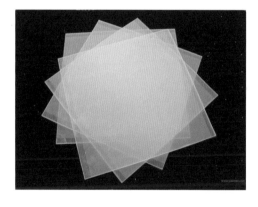

图 3.59　PVC 雪弗板示例五　　　　　　　图 3.60　PS 板

3.1.3.4　ABS 板

ABS 板又称为丙烯腈-丁二烯-苯乙烯共聚物板，兼具刚、柔均衡的优良力学性能。常用来加工各种模具、各种工业部件、建筑模型等。颜色有米黄色、透明色、黑色、白色等。常见规格的厚度为 1～200mm、长宽规格为 1000mm×2000mm、1020mm×1220mm，也可以按照要求定制尺寸（图 3.61～图 3.64）。

3.1.3.5　KT 板

KT 板是常见的廉价轻质板材，是由聚苯乙烯颗粒经过发泡生成板芯，经过表面覆膜压合而成的一种新型材料。板体轻盈，便于加工，不易变形，广泛用于广告展示展览、网印喷绘、建筑装饰、文化艺术展厅及包装等用途。常用尺寸为宽 0.9～1.2m，长 2.4m。长宽规格为 900mm×1200mm、1020mm×1220mm。常用于建筑模型的地形制作（图 3.65）。

图 3.61　ABS 黑白板

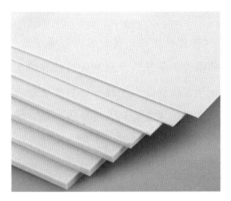

图 3.62　ABS 白板

图 3.63　ABS 塑料板

图 3.64　ABS 塑料仿真瓦片

图 3.65　KT 板

3.1.3.6　PC 板

PC 板又称为聚碳酸酯板，是一种综合性能极佳的工程塑料，具有优秀的物理热性能，被称为"透明塑料之王"。

PC 板分为中空板（又称阳光板、卡布隆、不碎玻璃）和实心板系列（又称耐力板、透明钢板），均有透光、防紫外线、阻燃、耐候等优点，被广泛应用于公用、民用建筑的采光和挡雨棚、通道顶棚、高架路隔音墙、商场顶盖、植物温室，是目前世界上最理想的一种光棚材料。

PC 板做模型材料具有质量轻、透光好等特点，比重仅为一般玻璃的一半，且不易击碎，透光率高达 92%。无色透明阳光板可提供极佳的透明度和表面光泽度，可用于制作建筑模型的玻璃窗、水面等（图 3.66 和图 3.67）。

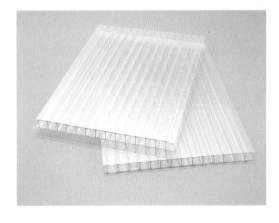

图 3.66　PC 阳光板示例一

图 3.67　PC 阳光板示例二

3.1.3.7　泡沫板

泡沫板又称为聚苯乙烯泡沫板、EPS 板，是由含有挥发性液体发泡剂的可发性聚苯乙烯珠粒，经加热预发后在模具中加热成型的白色物体，其有微细闭孔的结构特点，主要用于建筑墙体，屋面保温，复合板保温，冷库、空调、车辆、船舶的保温隔热，地板采暖，装潢雕刻等，用途非常广泛。

建筑模型中常用于草模制作、地形制作、概念模型、模型配景等。因泡沫本身的结构特性，并不是做建筑模型的好材料（图 3.68）。

3.1.3.8　海绵

海绵是一种常见的多孔材料，具有良好的吸水性能。也是制作概念模型常使用的一种材料，便于切割，加工方便，可以修剪成任意形状，如树木的形状、概念的房屋等。

常见的工业海绵有定型海绵、发泡海绵、橡胶海绵、再生海绵等。建筑模型常用海绵制作配景，如植物、景石、建筑物等，具有制作容易、造型简洁、色泽统一、质量轻盈等优点，也经常用其做前期概念模型。

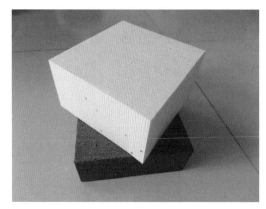

图 3.68　泡沫板

（1）定型海绵。定型海绵由聚氨酯材料，经发泡剂等多种添加剂混合，挤压进入模具，加温后即可压出不同形状的海绵，常用于各种家具的坐垫、靠背使用。

（2）发泡海绵。发泡海绵使用聚醚发泡成型，可用机械设备或者人工使用木板等材料围合成想要的形状，然后倒入发泡剂，经发泡后的海绵可以按照不同厚度使用切片机切片，发泡绵也可调整软硬度。

（3）橡胶海绵。橡胶海绵主要使用天然乳胶发泡而成，具有橡胶特性、弹力极好、回弹性好、不会变形，但价格不菲，比发泡绵高出 3～4 倍，常用来做乳胶床垫、枕头等。

（4）再生海绵。再生海绵是一种新型材料，属于聚氨酯类产品工业下脚料的再回收利用，大大降低了成产成本，具有弹性、耐性、不变形、环保无异味等优点，可根据需求定制各种形状的产品。此种产品被广泛用于制作家具（如沙发、床、椅子）、体育器材（如体操垫、健身垫、摔跤垫）、汽车坐垫等，被世界各国广泛接受（图 3.69～图 3.74）。

图 3.69　普通海绵

图 3.70　白色海绵

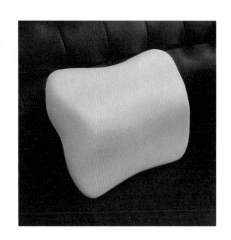

图 3.71　定型海绵

图 3.72 发泡海绵

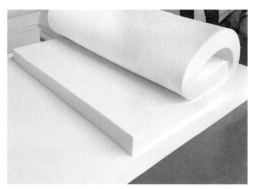

图 3.73 橡胶海绵

图 3.74 再生海绵

3.1.3.9 泡沫绵

泡沫绵是制作概念体块模型的良好材料，主要以白色为主，重量轻，不吸水，易于切割，并具有半透明性。发泡塑料的工业用途主要是吸音、抗震、隔热、保温、防水，如各种家电元器件的包装材料，各种垫子、冲浪板、救生衣等。属于无毒无味的高效节能环保材料（图 3.75）。

3.1.4 金属材料

金属材料在设计模型中一般很少被大范围使用，主要是因为其加工制作的难度较高，作为研究型模型没有必要使用昂贵的金属材

图 3.75 泡沫绵

质，除非是特殊要求的模型，如金属工艺品模型，可以自行拼装这类模型。常规情况下的模型设计制作中，模型局部常用的金属材料有铁丝、铜丝、铝箔、铝塑板等。铝塑板的尺寸为 1220mm×2440mm，整体厚度一般是 3mm 或 4mm。也可以利用金属材料制作概念模型（图 3.76～图 3.80）。

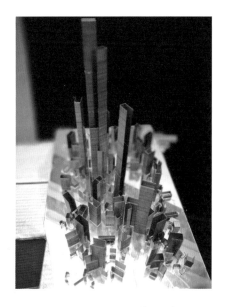

图 3.76 金属概念构成模型示例一

图 3.77 金属概念构成模型示例二

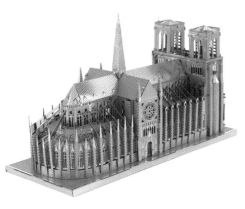
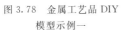

图 3.78 金属工艺品 DIY
模型示例一

图 3.79 金属工艺品 DIY
模型示例二

图 3.80 金属工艺品 DIY
模型示例三

3.1.5 黏合材料

3.1.5.1 白乳胶

白乳胶是常见的优良黏合剂，优点可以黏合大多数常见材料，使用方便，价格便宜，可以和水性颜色混合使用，缺点是黏合速度慢，适合黏合固定材料，如地形的重叠、地基的处理等，是常用的基础材料（图 3.81 和图 3.82）。

3.1.5.2 胶带

胶带有单面胶带、双面胶带和水胶带，使用方便快速，可以和其他黏合剂搭配结合使用，如先用胶带固定位置再用胶水粘住，胶水干后再揭掉胶带，如果是双面胶带就可以永久停留在结构内部，水胶带可以粘卡纸类材料。适合固定粘接不稳定的墙体、楼板、配套设备等（图 3.83 和图 3.84）。

3.1.5.3 快速胶

常用的快速胶有 502 胶、万能胶、强力胶、U 胶、热熔胶棒、普通胶水。模型板一般采用 U 胶，透明无色美观，是常用的模型专用胶，透明无色，气味较重。502 胶可以瞬间粘住物体，缺点是一旦粘错位置就无法修复。使用 502 胶一定要注意保护好眼睛和皮肤，手不要直接接触胶水，以免被粘住，可佩戴橡胶手套。502 胶和 U 胶可以使用注射器针头对准粘合部位缓慢按拉推压，粘合效果干净美观；热熔胶棒要配合热熔胶枪使用（图 3.85～图 3.91）。

图 3.81 白乳胶示例一

图 3.82 白乳胶示例二

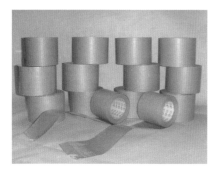

图 3.83　水胶带

图 3.84　常用胶带

图 3.85　502 胶

图 3.86　U 胶

图 3.87　万能胶

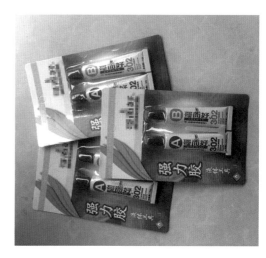

图 3.88　强力胶

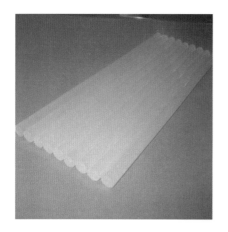

图 3.89　热熔胶棒

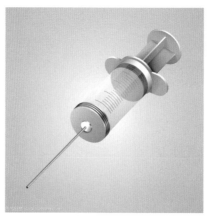

图 3.90　胶水注射器

图 3.91　热熔胶枪

3.1.5.4　玻璃胶

玻璃胶是日常使用的一种低强度密封胶，分为酸性玻璃胶和中性玻璃胶，可以用来密封玻璃、陶瓷、金属等，粘合模型底盘或者玻璃框架。还有一种胶称为结构胶，很多人容易跟玻璃胶混淆，结构胶分为高性能硅酮结构胶和中性结构胶，是一种耐抗压高强度的专用胶，颜色主要是黑色，常用于幕墙铝板密封、铝塑板接缝密封和粘合门窗的粘合密封等（图 3.92 和图 3.93）。图 3.94 为放玻璃胶的胶枪，主要用来粘玻璃。

图 3.92　玻璃胶　　　　　　图 3.93　中性结构胶和胶枪　　　　　　图 3.94　放玻璃胶的胶枪

3.1.6　电气材料

电气设计也是现代模型中不可缺少的一部分，如动态仿真、小桥流水、照明设计。尤其是商业模型和展览模型，灯光设计可以更加完美地展现建筑空间。常用的材料有电源、开关、电线、控制器、LED 灯带、驱动器、遥控器、微型电机以及程序主板等，可根据模型体量设计用电功率，合理搭配电器用材。大型商业展览模型通常会使用声、光、电来烘托建设项目的商业气氛；常用的设计小型模型使用干性电池或者纽扣电池搭配 1～1.5mm² 的 BV 电线或者 BVR 电线，使用 LED 为光源搭配开关、遥控控制器即可，如需接 220V 照明电源需要加电线插头、变压器、照明驱动器等，可由电气工程师接线，切勿自行连接（图 3.95～图 3.106）。

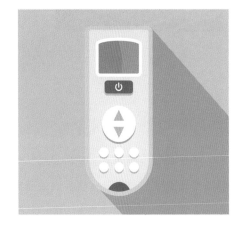

图 3.95　电源开关　　　　　　图 3.96　智能照明控制模块　　　　　　图 3.97　照明遥控器

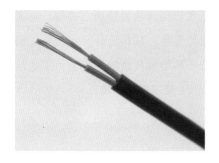
图 3.98　BVR 电线

图 3.99　BV 电线

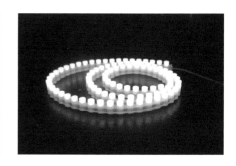
图 3.100　LED 灯带

图 3.101　LED 套管灯带

图 3.102　LED 灯带

图 3.103　LED 光源

图 3.104　LED 光源

图 3.105　LED 遥控防水灯

图 3.106　微型水泵

3.1.7　配景材料

　　配景材料主要指成品配景材料，包括人物、动物、植物、交通工具、路灯、护栏、围墙、草皮等。成品的配景固然美观，作为设计模型类的研究模型还是建议动手制作配景，这样会更加符合主题模型的风格，对于学生来讲也能节约资金（图 3.107～图 3.121）。

图 3.107　模型树

图 3.108　模型树

图 3.109　模型树

图 3.110　模型树

图 3.111　模型树

图 3.112　模型树

图 3.113　模型草坪

图 3.114　模型干草仿真树

图 3.115　模型动物

图 3.116　模型人物

图 3.117　模型汽车

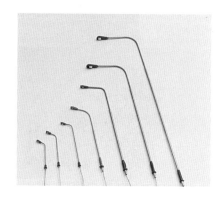

图 3.118　模型路灯

图 3.119　模型庭院灯

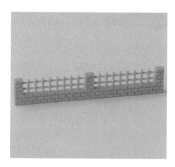

图 3.120　模型围墙

图 3.121　模型花池

3.2　常用工具

3.2.1　测量工具

　　测量工具是制作模型的必备工具。常用公制的卷尺、钢尺、直尺、丁字尺、三角板、比例尺、圆规等，尺子长度不应低于50cm。钢尺的主要作用是切割时的界尺，三角板主要用于找垂直角度和结合丁字尺画平行线，比例尺用来缩放模型比例（图3.122～图3.127）。

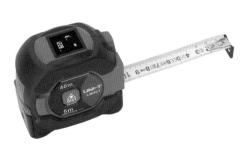

图 3.122　卷尺

图 3.123　钢尺

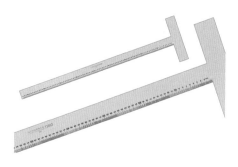

图 3.124　丁字尺

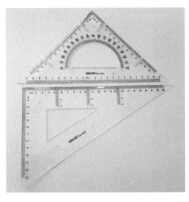

图 3.125　三角板

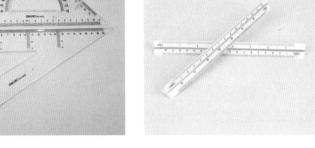

图 3.126　三角比例尺

图 3.127　扇形比例尺

3.2.2　切割工具

切割工具是完成一个模型作品的必备工具。除了材料的选择外，工具的好坏、顺手的程度等，都会直接影响到模型作品的最终质量和效果。"磨刀不误砍柴工"，说的就是这个道理。一般的材料使用常用工具就足以完成整个模型作品，只有在特殊要求的情况下才可以使用电气化设备，完成更精确的模型。徒手制作的模型比机器切割制作出来的模型更具艺术性。

3.2.2.1　一般工具

不同的材料选择使用不同的切割工具，如纸材、薄木片、软塑料等易于切割的材料，常使用垫板、壁纸刀、剪刀、斜角45°刀、手锯、钳子等工具，徒手就能完成工作。亚克力板、金属板等硬质塑料也可以使用勾刀徒手切割，前提是厚度小于2mm且是直边无曲线造型，复杂的造型还是交给机器切割；木片的切割也同样处理，厚度超过2mm的杉木片或者椴木片交给切割平台来操作（图3.128～图3.140）。

特别提醒：徒手操作并不一定就十分安全，徒手加工难度较大的材料反而会更加危险。

3.2.2.2　扩展工具

扩展工具主要指机械电动工具，如切割机、激光机、角磨机、手钻等。对于硬质材料如厚木板、木方、细木工板、胶合板、刨花板、亚克力板等材料的加工，常使用电动切割锯工作台进行加工，电动切割台操作具有一定的风险系数，应规范操作小心操作，或者由专业人士操作。对于商业展览模型，精细化的做工能带来更好的展览效果。近年来，有些学生在制作建筑模型时也会使用激光切割仪来切割或者雕刻如木片、塑料等一些有机材料。激光切割的优点是精确、快速、安全、精细化程度高等，缺点是不能体验动手测量和切割的训练过程，经过激光切割后直接到达拼接环节。因此，不建议学生完全使用激光切割仪切割模型材料，对于细节过于复杂的模型可以部分构件使用激光切割仪，毕竟学生的模型属于设计学习或者研究模型，并不是纯商业模型（图3.141～图3.145）。

3.2.2.3　3D打印机

随着科技的发展，3D打印技术逐渐进入学生的作业设计领域，其优点是可以快速、精确地制作结构复杂的模型，是做设计研究的利器；缺点是材质单一，体积受限制，价格昂贵。因此，对于建筑空间模型课程不推荐使用3D打印技术，特殊情况如制作特殊小构件等可以使用（图3.146）。

图 3.128　垫板

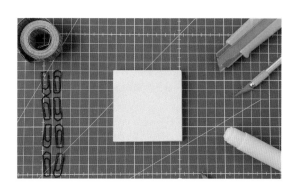

图 3.129　垫板工作面

图 3.130　壁纸刀

图 3.131　剪刀

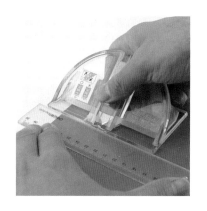

图 3.132　斜角 45°刀

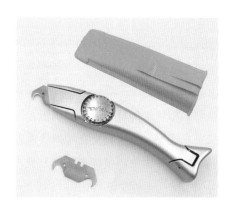

图 3.133　勾刀

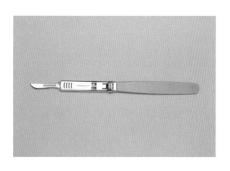

图 3.134　切割刀

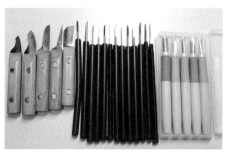

图 3.135　雕刻刀

图 3.136　刨子

图 3.137　线管切割刀

图 3.138　钳子

图 3.139　尖嘴钳

图 3.140　弯嘴钳

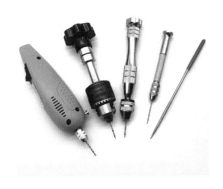

图 3.141　手钻

图 3.142　手电钻

图 3.143　角磨切割机

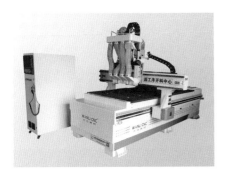

图 3.144　开料机

图 3.145　激光切割仪

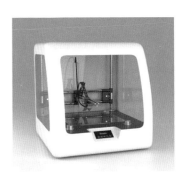

图 3.146　3D 打印机

3.2.3　打磨工具

切割后的材料有时不能一次就达到非常完美的程度，还需要修饰毛边，打磨光滑。如手工切割后的木板就需要用砂纸打磨光滑边角等。常用的打磨材料有砂纸（分为粗砂和细砂）、锉刀、砂轮、抛光轮、角磨机等（图 3.147～图 3.151）。

图 3.147　砂纸

图 3.148　锉刀

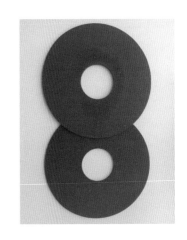

图 3.149　砂轮

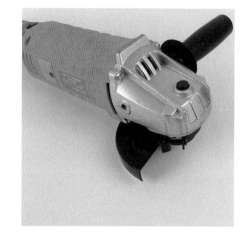

图 3.150　抛光轮　　　　　　　　　　　　　　　　图 3.151　角磨机

3.2.4　颜色喷涂

　　喷涂工具主要是指改变模型材料颜色所使用的用具。最常用的是鬃毛刷、羊毛刷、水粉笔、气动喷笔、罐喷、油漆等。常用颜色为水性颜料或者油漆等，如丙烯颜料色泽鲜艳不褪色（图 3.152～图 3.157）。

图 3.152　毛刷

图 3.153　水粉笔

图 3.154　气动喷笔

图 3.155　罐喷

图 3.156　油漆

图 3.157　丙烯颜料

本章小结

　　本章详细介绍了建筑空间模型制作的材料与工具。材料介绍基本包含 90% 以上的模型材料，尽可能地满足不同模型的使用要求。并针对每一种材料的特性、适用范围、优缺点和使用注意事项等进行了详细说明。对工具的方法和应用范围也进行了系统全面的介绍。对于学习模型课程的学生来讲虽然不可能准备好所有的材料和工具，但是要了解掌握每一种材料的特点和工具的应用方法，分析自己的建筑空间模型适合哪种材料和制作方法，具体问题具体分析，才能做出满意的作品。

复习思考题

　　1. 建筑空间模型常用纸质材料有哪些？

　　2. 建筑空间模型常用木质材料有哪些？

　　3. 建筑空间模型常用塑料材料有哪些？

　　4. 建筑空间模型墙体倒角如何制作？

第4章
草模制作

草模制作过程（视频）

● **本章概述**

草模就是建筑空间设计作品前期的三维草稿模型，也称为快速模型或者创意模型，它可以使用身边的各种材料来表现。草模的作用是用来研究空间的创意性和合理性，是建筑设计初期必不可少的一个程序步骤和手段。设计师可以通过草模直观分析建筑空间内外关系、交通流线、艺术形式、比例尺度、材质定位、颜色设计等。草模不是只做一次，一个优秀的建筑设计一定是经过多个不同设计草图和草模的分析论证，最终得出完美的作品。学生阶段，学习掌握草模的制作方法其实就是学习掌握空间设计的方法，为后期做建筑创作打下基础。从创意设计层面讲，草模的重要性远比正模重要，草模的制作是没有成熟详细的图纸，属于设计创作阶段，而正模是具有详细的图纸平、立、剖以及节点图，属于模型制作阶段，或者说草模偏向设计而正模偏向制作。通过本章课程的学习，可以培养学生世界格局，拓展国际视野，了解当今世界建筑发展趋势以及中西文化差异。

● **本章重点**

分析著名现代建筑，通过模仿学习建筑大师的设计手法，重点学习草模的创意设计与制作方法。

4.1 作品解读

模型模仿阶段，首先，找好自己的合作搭档，进行分工分配；然后，寻找自己喜欢的建筑作品，并搜集本建筑的所有相关资料，包括时间、地点、设计理念、人文环境、技术图纸等。可选择大师经典小建筑作品或者当代优秀小型建筑作品作为模仿对象。如果无法得到准确图纸，也可以利用建筑模数推算法，推算出大概建筑尺寸，再利用 CAD 把平、立、剖面画出来，然后利用 Sketchup 三维软件制作出虚拟三维模型。学生通过查文献资料、画图、建模等手段对建筑作品进行详细解读，学习建筑空间组合方式、交通流线的规划方式。也可以根据需要适度修改设计条件，因此设计草模就变得更加有意思了。

常见的建筑大师作品如柯布西耶的萨伏伊别墅，赖特的流水别墅，密斯的巴塞罗那德国馆，安藤忠雄的光之教堂、住吉长屋、小筱邸、水之教堂等，经常成为学生学习建筑空间设计模型的优选对象，其建筑面积大小适中，也是教科书中的代表作品。学生选择一件建筑作品时，要学习建筑大师如何设计空间，研究从草图到草模的过程。每一个建筑都是先从创意草图开始（图4.1～图4.2）。

解读建筑作品的主要内容有以下几个方面：

(1) 建筑模型、占地面积指标。

(2) 建筑模型主体形式、外墙材质。

(3) 建筑模型内部空间组合方式、空间功能划分。

(4) 建筑模型与地形的结合方式、竖向交通方式等。

(5) 建筑模型区位、地域及文化特色。

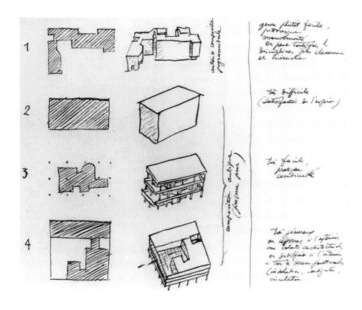

图 4.1 柯布西耶建筑草图示例一

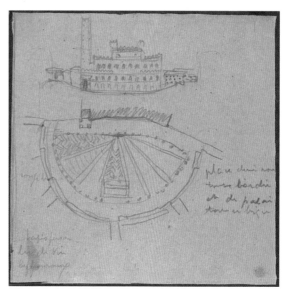

图 4.2 柯布西耶建筑草图示例二

下面介绍建筑大师安藤忠雄❶的几个经典建筑作品，也是学生热衷的建筑作品。

1. 大阪近津飞鸟历史博物馆

近津飞鸟位于大阪县的南部，这里有日本保存最完整的墓葬群，共有 200 多个坟冢，包括 4 个帝王墓，博物馆致力于展示和研究墓葬文化。为了建造一座与墓葬群完美结合的博物馆，安藤忠雄利用大量的台阶营造出宏伟的阶梯广场，在这里参观者除了可以俯瞰整个墓葬群外，还可以举办戏剧节、音乐节和电影节等文化活动，使博物馆成为大阪县的文化中心。建筑内部，整个展区都营造出一种黑暗的氛围，使参观者好似进入了一座真实的"坟墓"，更好地了解和感受当地的墓葬文化（图 4.3～图 4.7）。

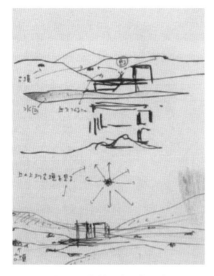

图 4.3 大阪近津飞鸟历史
博物馆草图

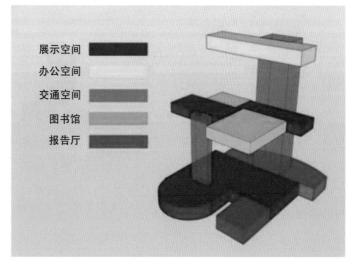

展示空间
办公空间
交通空间
图书馆
报告厅

图 4.4 大阪近津飞鸟历史博物馆功能分区

---

❶ 安藤忠雄，普利兹克建筑奖获得者，日本著名建筑师。1941 年出生于日本大阪，以自学方式学习建筑，1969 年创立安藤忠雄建筑研究所。1997 年担任东京大学教授。

图 4.5　大阪飞鸟博物馆实景鸟瞰图

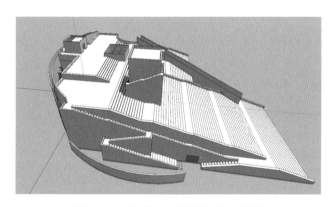

图 4.6　大阪近津飞鸟历史博物馆 3D 模型

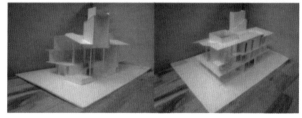

图 4.7　大阪近津飞鸟历史博物馆草模模型

2. 小筱邸

小筱邸是安藤忠雄的代表作之一，位于日本兵库县芦屋市。该建筑由一组平行布置的混凝土矩形体块构成，并避开了基地上现有的树木。建筑物的一半掩埋在国立公园的一片绿色隐隐的斜坡地里，它虽是独立的，却遵循着自然的环境条件（图 4.8～图 4.15）。

3. 住吉长屋

安藤忠雄的成名作之一是位于大阪住吉区的东邸，即住吉长屋。1979 年，住吉长屋获得日本建筑学会年度大奖。安藤的设计概念和材料结合了国际现代主义和日本传统审美意识。建筑与自然的对话，安藤将自然还原成光、风、水、空气等元素引入中庭，在有限的空间中完成了一个"微型的宇宙"（图 4.16～图 4.19）。

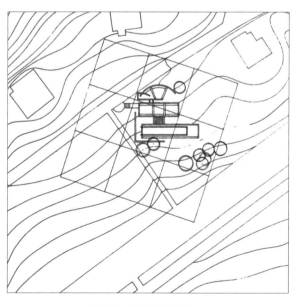

图 4.8　小筱邸地形图

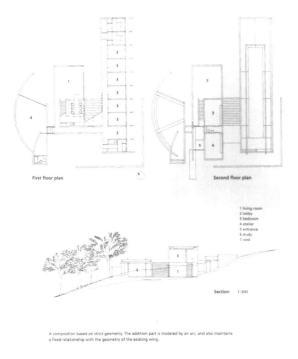

图 4.9 小筱邸的平面图和立面图

图 4.10 小筱邸实景鸟瞰图

图 4.11 小筱邸实景图

图 4.12 小筱邸室内图

图 4.13 小筱邸室内图

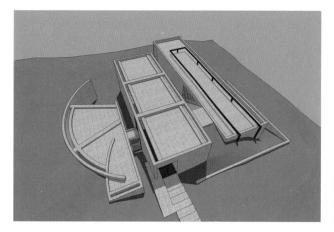

图 4.14 小筱邸 3D 模型

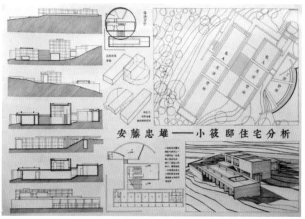

图 4.15 小筱邸综合分析图

图 4.16 住吉的长屋草图

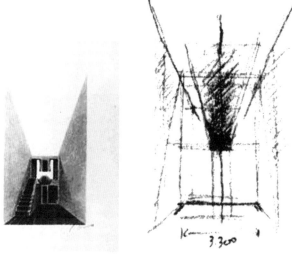

图 4.17 住吉的长屋草图

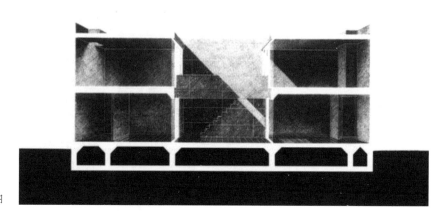

图 4.18 住吉的长屋剖视图

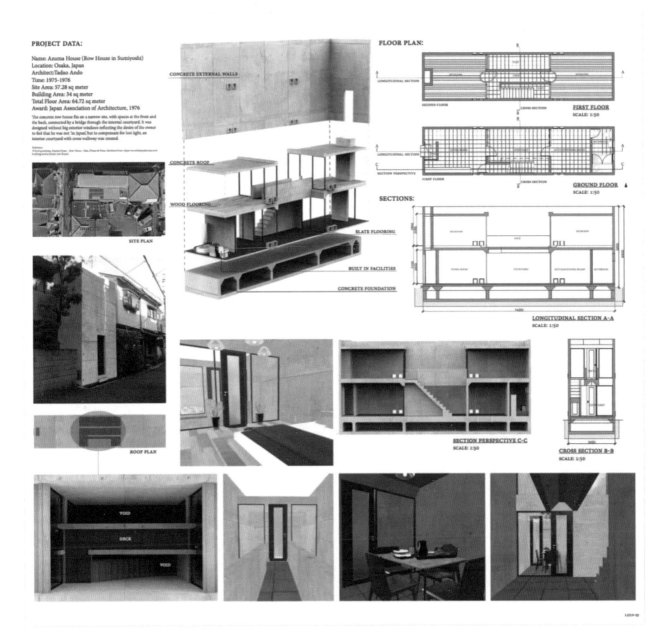

图 4.19　住吉的长屋综合分析

4. 4×4 住宅

4×4住宅位于日本神户市的海边。由于占地面积过小，所以整个房子的所有功能都被垂直布置，再通过楼梯连接，分割开来的每一层都是一个独立的享受空间，单身业主每天生活之余还能体会这种上上下下的小乐趣。4×4住宅共有五层地，地下一层作为储藏室，地上三层分别是卫生间、卧室和餐厅，起居室位于顶层。顶部运用了安藤十分招牌的几何拼凑结构，4×4×4的方块与主体错位1m，产生一个咬合关系。这样一个小小的错位为下面一层提供了难以想象的采光空间，再配以大扇落地窗，踱步在这样的屋子里，远望是天际，海水在脚下拍打，美不胜收（图4.20～图4.22）。

图 4.20　4×4 住宅实景照片

图 4.21　4×4 住宅室内照片

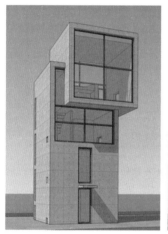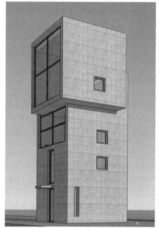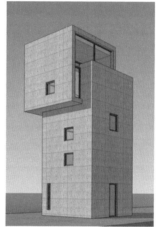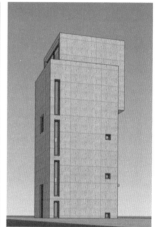
图 4.22　4×4 住宅 3D 图

4.2　草模设计

4.2.1　快速创意模型

草模的构思不应局限于图纸的内容，始终要明白草模的意义是什么，如何利用草模完善设计。换句话说，你对空间的需求、对形式的表达和对艺术的追求，如何通过草模传达建筑空间信息。建筑是艺术和科技的结合体，没有艺术的建筑只是个房子而已。如何让建筑空间充满情感，就需要赋予它更多的艺术和人性化设计。因此，建筑的设计理念在草模中如何体现就变得尤为重要。通过设计理念拓展思维模式，例如草模的形式可以是一张纸的折叠空间，也可以是一片树叶、一个球、一个方体等，在草模的初始阶段可以各种形式呈现建筑，但这种外形仍然是由其内部空间决定。

快速草模分为两个步骤：一是前期的创意阶段，不需要图纸设计；二是依据 CAD 平、立、剖面图和手绘草图结合草模构成元素推敲建筑空间组合关系以及主体比例关系。对草模而言不需要过于精确的尺寸比例，它甚至可以是一个空间创意。草模模型的大小比例需要根据建筑面积而定，一般比例尺度为 1∶200～1∶500（图 4.23～图 4.28）。

图 4.24　创意模型/灵感来源

设计来源于自然，松果的自然生态之美。

图 4.23　创意模型/灵感来源

设计来源于生活，通过薯片自由落体形成的空间。

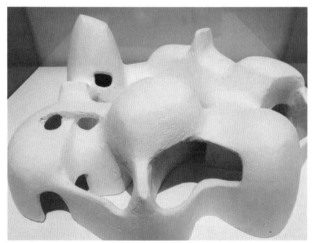

图 4.25　旋转的扭曲的空间/灵感来源

图 4.26　洞穴式的建筑草模/创意模型

图 4.27　山坡上的建筑草模

图 4.28　纤维艺术的空间草模

4.2.2 平面分析

随着设计的深入，草模结合平面布置草图分析平面空间功能、交通流线等；分析计算建筑空间开间和进深的合理性；分析建筑内部空间与外部空间的关系；分析开窗的位置，出入口的设置，停车场的位置以及停车位数量设计；分析建筑的朝向、日照、通风、照明、采暖等技术，以及计算经济技术指标。

4.2.3 竖向分析

结合地形竖向标高设计分析建筑与地形的关系，以及建筑模型与周边环境的关系，使建筑模型融于环境之中；分析处理地形对建筑的影响，如排水、风向等；分析如何利用建筑的错台、退台等手段营造景观效果；利用构成要素分析建筑各个立面的美观效果、处理手法等。

4.3 准备阶段

4.3.1 效果预想

预想使用什么材料什么方法才能达到想要的效果，要有个初步的规划，也可以通过 3D 软件模拟最终效果。每一种材料所表达的建筑产生的效果大相径庭，如木质的模型给人亲近质朴的感觉，塑料 ABS 模型给人精美细致的感觉，纸板和 PVC 板给人简洁现代的感觉等。

4.3.2 材料选择

根据建筑需求选择所使用的模型材料。由于草模建筑空间的不确定性，建议选择使用简单、快速、容易切割的材料。

选择步骤一般为两步：①选择承重台面的材料，学生通常使用 4 开或者 2 开画板作为模型承台，面积大小适中；②选择草模主材，如纸板、瓦楞纸、软木、泡沫、海绵、石膏、树脂等材料。

体块式的模型表现是建筑师常用的草模制作手法，优点是节省时间，制作速度快，更容易达到建筑空间分析研究的目的。

4.3.3 比例定制

草模的比例可以不用过于精确，只需要总体比例准确即可。一般根据建筑面积的大小而定，把整个建筑缩放到适合比例，放置于 4 开画板之中，并能留出环境空间，常规比例为 1∶200～1∶1000。

4.4 草模制作

4.4.1 场地制作

草模的整个场地是建立在底板平台之上的，因此这里的场地指的就是整个底板平台面积。场地制作是在初步平面草图设计完成的基础上进行制作，有时候底板不一定能把建筑的所有场地囊括进来，这就需要进行模型场地规划概括和取舍。

在制作场地时的步骤通常是：首先预留出建筑单体位置，然后把交通流线组织规划出来，并预留出地形空间。至于后期的细节配置在草图阶段先不用考虑，或者等制作单体建筑时继续添加细节（图 4.29～图 4.32）。

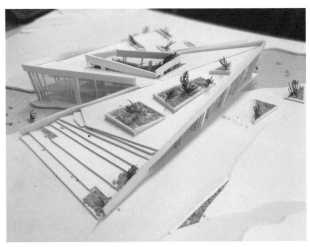

图 4.29　草模场地示例一
瓦楞纸制作的场地与模型板制作的建筑。

图 4.30　草模场地示例二
模型板制作的场地与建筑协调统一。

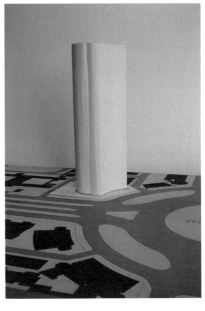

图 4.31　草模场地示例一/贝聿铭建筑事务所
高层建筑草模与场地之间的关系。

图 4.32　草模场地示例二/贝聿铭建筑事务所
草模阶段的场地只预留了交通流线。

4.4.2　地形制作

草模阶段的地形制作可选用瓦楞纸、软木、石膏等材料。制作地形时，首先要读懂地形图、等高线，常用等高线的单位为 m。等高线是指地形图上高程相等的相邻各点所连成的闭合曲线，把闭合曲线垂直投影到一个水平面上，并按比例缩绘在图纸上，就得到等高线。等高线也可以看作是不同海拔高度的水平面与实际地面的交线，所以等高线是闭合曲线。在等高线上标注的数字为该等高线的海拔（图 4.33～图 4.36）。

等高线的特点如下：

（1）同一个闭合曲线其海拔高度相等。

（2）等高线不能交叉和重合，除非是悬崖。

（3）等高线排列越密，说明地面坡度越大；反之，等高线越稀，则地面坡度越缓。

图 4.33　地形示意图

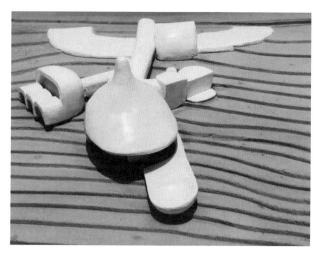

图 4.34　概念模型地形表达
每一根等高线代表不同的地形高度与地形坡度。

图 4.35　概念模型地形表达/学生作业

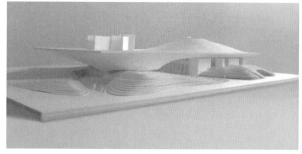

图 4.36　概念模型地形表达

4.4.3　主体制作

建筑草模的主体一般由台基、楼板、墙面、顶棚组成。根据提前做好的建筑设计图纸和草模前期材料准备，对主体模型进行空间制作。草模阶段仍然属于空间推敲研究阶段，制作过程中不要过于追求细节。为了方便修改，应选择易操作材料，如瓦楞纸或者卡纸，按照图纸比例制作出建筑的底层空间、隔层楼板和外立面，并做好主要墙体和门窗开启方式等，达到用来分析建筑外部形式和内部空间的关系之用即可。以二层小建筑为例，具体制作步骤如下：

（1）先按比例把台基或者建筑的基础切割完毕，如有地下室，还要先把地下室的内部空间和四面围合墙体做出来。

（2）制作首层平面空间，先将地下一层顶板做好，预留出楼梯位置。把首层的内部空间做出来，并做好门洞。

（3）楼梯的制作一定要按比例制作台阶，或者简化细节不做台阶只做一个斜板和平台。

（4）制作首层顶棚楼板盖板，利用建筑内部空间墙体支撑顶板稳固可靠。

（5）制作二层内部空间，如功能室、过道、楼梯、开门等。

（6）制作建筑立面，一、二层如果是通体墙面可设计切割整体墙面，如果是分体错台空间则需要分开制作墙面，并按比例做好开窗位置等，可贴亚克力薄片作为窗户玻璃或者忽略。

制作过程中要反复推敲各个空间的合理性和空间关系，以及各个立面的空间比例关系，及时作出调整修改，甚至做出扩展草模，为后期做正模提供经验和数据支撑（图 4.37～图 4.46）。

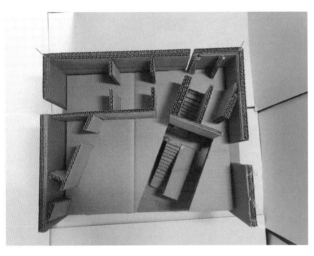

图 4.37 快速草模

利用瓦楞纸快速制作模型俯视图。

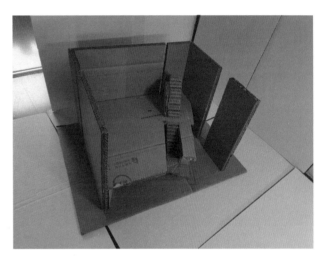

图 4.38 快速草模

展示底层和一层空间关系，每一层均可拆卸。

图 4.39 快速草模

二层与一层的空间关系图。

图 4.40 快速草模

做完屋顶、门窗、台阶和基本细节。

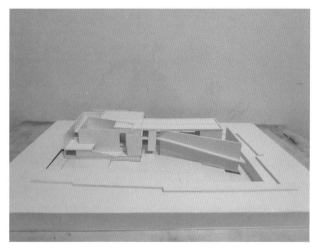

图 4.41 快速草模

利用模型板制作的草模与场地。

图 4.42 快速草模

主体建筑基本完成，地形仍然属于草模扩展阶段。

图 4.43 快速草模

主体建筑基本完成，地形属于草模扩展阶段。

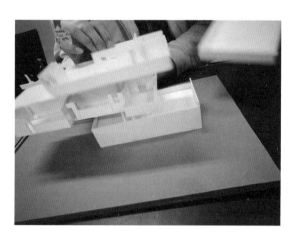

图 4.44 快速草模

利用卡纸快速制作扩展草模。

图 4.45 快速草模

虽然做的空间很丰富，仍然属于草模
扩展阶段。

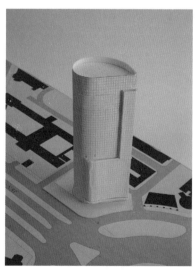

图 4.46 快速草模

主体只做外部造型的草模。

4.4.4 配景制作

配景也是草模组成的一部分，草模的主体制作完毕后，适量配景不需过多装饰，以免喧宾夺主，初级阶段的草模配景甚至可以忽略不做。草模扩展阶段可做出主路、辅路、坡道、停车场等，无需添加细节。植被的添加可概括为几何体方式（图 4.47）。

图 4.47 草模植物配景
植物使用卡纸按比例剪切出树的形状，并根据设计布置位置和数量。

本章小结

本章讲述了建筑草模的设计制作流程和方法，从解读大师作品到模仿大师作品，然后独立设计建筑模型作品，进行草模的空间分析和制作。通过系统讲述建筑空间模型的草模制作方法，使学生能够正确认识草模的作用和意义，培养学生整体把控能力，熟练使用草模来完成设计作品，同时结合模型锻炼学生总体格局。

复习思考题

1. 什么是草模？
2. 草模的作用和意义有哪些？
3. 草模的创意制作有哪些难点？

第 5 章
正模制作

● **本章概述**

本章重点讲述正模的设计与制作。正模就是比草模正规、正式、规范、标准的模型。有了前期草模的大师作品分析和创意模型前期空间分析，在正模制作阶段就会大大减少设计分析的工作量，把时间和精力用在模型的细节制作方面。正模的制作需要相对详细的建筑图纸，或者初步设计后的图纸和建筑的草模。通过本章的学习，可以锻炼学生从草模到正模的转换能力，成功地临摹和设计一个建筑作品，使学生更方便快捷、准确地学习和领悟建筑空间。

在正模制作阶段，仍然是把空间制作作为第一原则，强调每一个建筑空间的组合关系。学生采用纯手工的方式制作模型，难度更大，精细程度自然比不了机器加工。手工模型的优缺点也是显而易见的，缺点就是制作粗糙、修改困难，但纯手工的模型更具艺术性。因此，在正模制作时期应尽可能降低修改次数。

● **本章重点**

重点学习正模的设计制作，包括地形、竖向、环境、主体的空间关系以及整体效果的把控。

5.1 主体制作

5.1.1 图纸准备

学生将事先做好的草图、草模、SU 以及 CAD 电子文件准备好。全面解读分析透彻大师作品的设计背景和设计手法。将作品的数据标注清楚，把各个平、立、剖面打印出来（图 5.1～图 5.6）。

5.1.2 效果设计

通过草模制作和 CAD 图纸，利用 3D 软件对地形、材质进行编辑，设计出更具特色的模型效果或者漫游动画。如 SU 草图大师模型软件是常用的建模软件，其功能非常强大，可以处理设计各种复杂模型，方便快捷（图 5.7～图 5.9）。

5.1.3 比例定制

借助计算机精确计算出建筑模型的比例尺寸。一般根据总建筑面积，把整个建筑缩放到适合比例，能够放置于对开画板之中，容纳整个建筑场地，包括停车场、行车道、人行道、地形、水面及指纹景观等外环境。常规比例为 1：200～1：1000（图 5.10～图 5.12）。

5.1.4 材料选择

模型主体的制作，根据预先设计的效果图和草模选择模型正稿材料，制定出模型比例，计算出模型所需要的材料类型和数量。每种材料都有不同的表现效果，如使用木质类材料进行制作，可以给人一种沉稳、高档、温馨的感觉。熟练使用模型材料搭配，以达到预想的设计效果。质地较硬的材料制作难度较大，但制作效果比较精美；反之，较软材料制作容易，但制作效果较为粗糙。准备好将要使用的工具，并选择合适的底板作为模

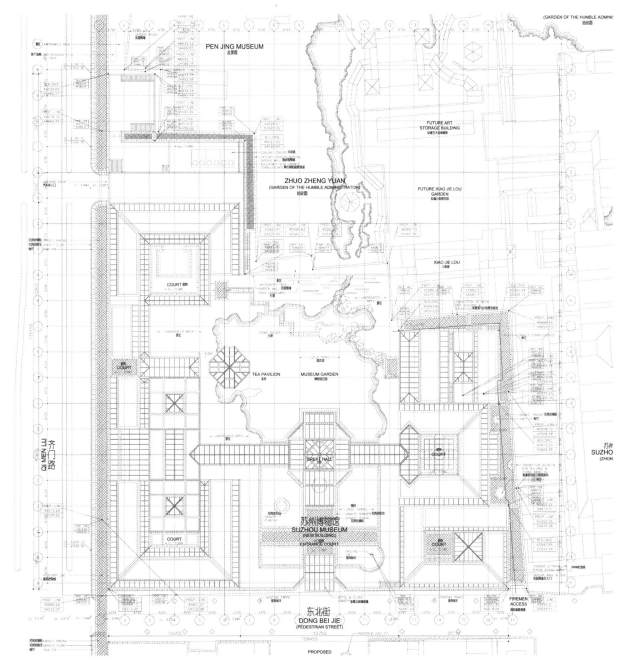

图 5.1 苏州博物馆图纸/贝聿铭

型的承台，通常使用对开的画板，比例大小刚好合适。

　　不同的材质有不同的开料工艺要求，层面排列的框架，适用于木板、有机玻璃等厚质与硬材质的制作；连续折面立体的框架适用于纸张、PS 模型板、胶片等薄质与软质材料的制作；连续曲面立体的框架要注意选材及圆弧切断部分的工艺处理。根据建筑形态、结构和块面的变化，进行合理的设计与开料，其原则是简洁、省料、稳定、牢固，符合力学结构原理，适应建筑物表面装饰需要。开料的项目包括场地、底座、建筑物立面、顶部、建筑构件等。开料要将高度相同的各个立面同时开料。为了加固框架结构，开料时还应考虑增加一些加固的支架料，有些立面可与支架料连起来开料。根据设计方案造型的特点，选择适当的材料，组织合理的构造，建造方案的模型形态，是模型制作的核心内容。

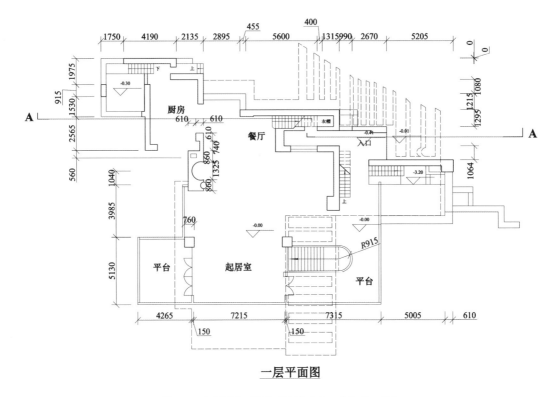

一层平面图

图 5.2 流水别墅一层平面图/弗兰克·劳埃德·赖特

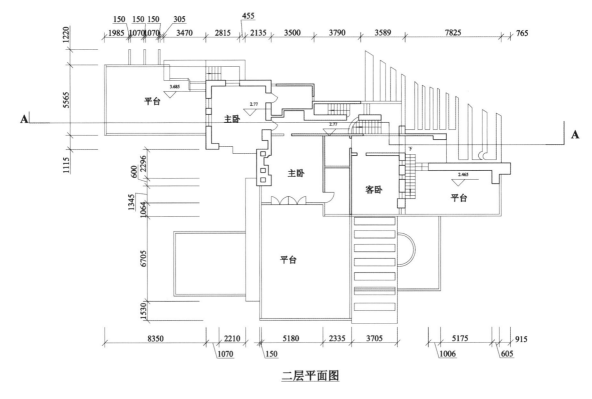

二层平面图

图 5.3 流水别墅二层平面图/弗兰克·劳埃德·赖特

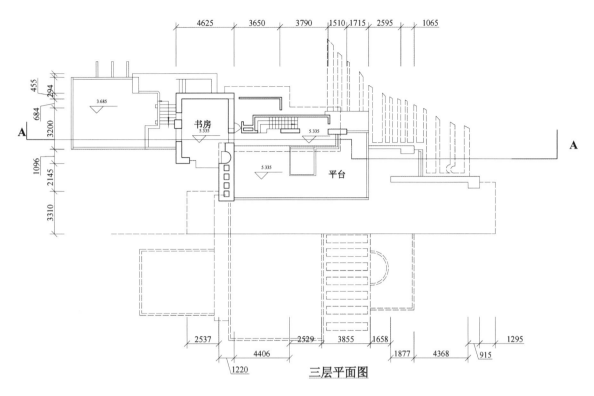

图 5.4 流水别墅三层平面图/弗兰克·劳埃德·赖特

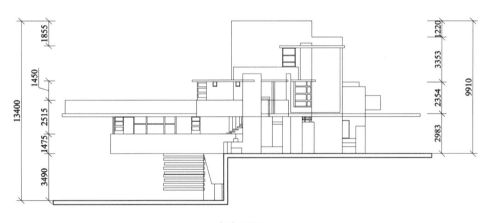

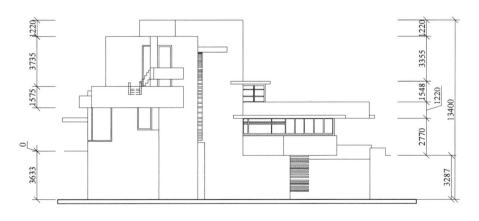

图 5.5 流水别墅东、西立面图/弗兰克·劳埃德·赖特

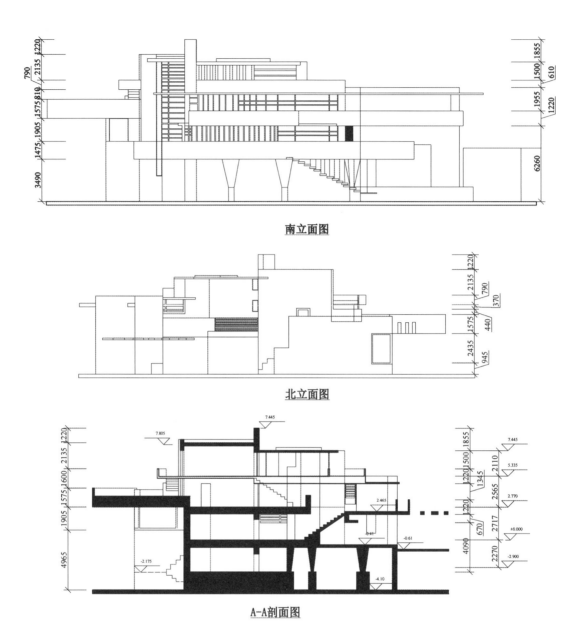

南立面图

北立面图

A-A剖面图

图 5.6　流水别墅南、北立面图和剖面图/弗兰克·劳埃德·赖特

图 5.7　吐根哈特别墅东侧面图/密斯·凡·德·罗

独特的别墅设计方案，这一创意载入了现代建筑史的史册。

图 5.8　吐根哈特别墅西侧面图/密斯·凡·德·罗

图 5.9　吐根哈特别墅鸟瞰图/密斯·凡·德·罗

图 5.10　吐根哈特别墅东、西立面图/密斯·凡·德·罗

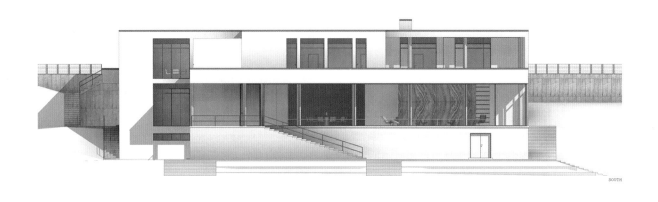

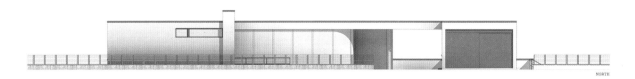

图 5.11　吐根哈特别墅南、北立面图/密斯·凡·德·罗

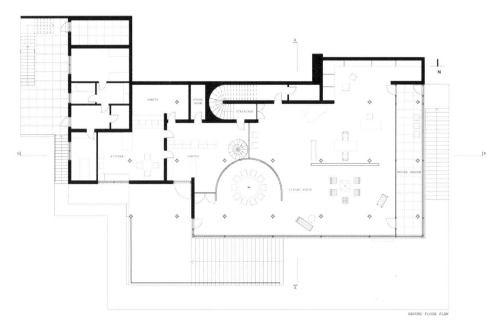

图 5.12　吐根哈特别墅一层平面图/密斯·凡·德·罗

5.1.5　图纸打印

将模型所需的所有材料准备好后，根据底板尺寸定制打印图纸的比例，注意各个图纸要同比例打印，通常比例为 1∶100～1∶1000。

(1) 先打印建筑规划总平面图，打印材质为普通白纸黑白线稿即可。

(2) 将打印好的总平面图铺设在底板上面，确定好主体建筑的位置，以及地形的变化。

(3) 根据总平面图所展示的建筑主体尺寸，同比例打印主体建筑的各层平面图、立面图、顶视图等，使之与底图建筑主体平面相吻合对应（图 5.13）。

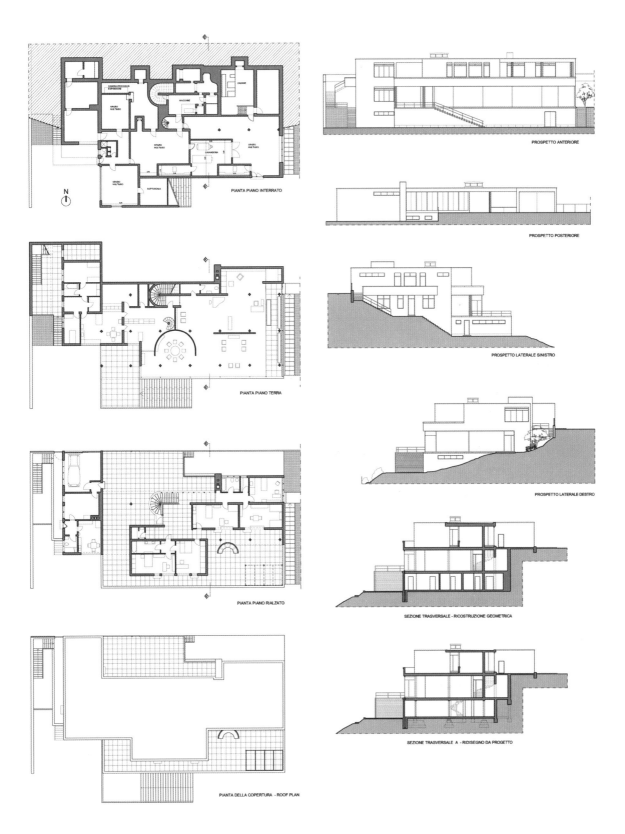

图 5.13 吐根哈特别墅/密斯·凡·德·罗

5.1.6 底盘制作

底盘是建筑模型的重要组成部分，是放置模型主体、配景环境附属物的基础。底盘的形状要根据其方案的要求来设计制作。底盘形状可以分为矩形、多边形、圆形或弧形。因为制作、搬运、包装等的客观要求，底盘的形状通常是长方形。

选择何种材料制作底盘，如何连接模型建筑是要整体考虑的。底盘的底部支撑结构可选用实木板、细木工板、金属等材料。对于学生课堂作业来讲，通常选择对开画板（A1）作为底盘承台，学生来回搬运也比较方便，制作模型比例大小也刚好合适（图5.14～图5.15）。

图 5.14　画板底板
表面铺设模型板，通过计算比例，画出模型的准确位置。

图 5.15　裁切模型板

5.1.7 空间制作

使用做好的建筑设计图纸、材料和工具，对建筑主体空间进行详细制作，按层次分别制作出台基、场地、楼板、楼梯、内墙、外墙、顶棚等构件。严格意义上讲，每一个直角墙体的转折处都应该切45°角，然后拼接起来。正模阶段的制作一定要尽可能的精细，这样模型看起来比较耐看，在保证安全第一的情况下，沉浸式投入制作，专注、匠心、乐此不疲。以二层小建筑为例，具体制作步骤如下：

（1）先把打印出来的建筑场地总图铺在底板上，把台基或者建筑的基础裁好，如有地下室，还要先把地下室的内部空间和四面围合墙体做出来。建筑底板与墙体交接通常有两种方法：一是直接用胶粘接；二是地板开槽，将墙板插入底板。

（2）制作首层平面空间，按照平面图指示，先将地下一层顶板做好，预留出楼梯位置。特别提醒，制作楼梯时一定要按实际比例制作踏步。很多同学会在这里出错：如踏步不按照比例制作，换算下来每层踏步高度达半米以上。接着把首层的内部各个空间做出来，并做好门洞。值得注意的是，门洞的切割切忌一开到顶，应结合人体工程学和门窗设计规范开洞，个性空间定制门窗除外。

（3）制作首层顶棚楼板盖板，可以利用建筑内部空间墙体支撑顶板。

（4）制作二层内部空间，做法与制作一层空间一致，按比例制作过道、楼梯、开窗等。

（5）制作二层屋顶，如果是平顶，可以利用建筑内部空间墙体支撑顶板，并做出女儿墙；如果是异形顶棚，则要结合建筑构造制作顶棚框架，再附着屋顶材料盖板。

（6）制作外墙立面，根据统一比例打印出来的建筑立面图纸，平铺在模型板上，用刻刀刻出建筑立面。如果一、二层是通体墙面可设计整体墙面；如果是错台空间则需要分开制作墙面。按比例做好开窗等位置，利用透明亚克力薄片作为窗户玻璃，可勾刀拉出窗户框线或者用极细的塑料条粘贴窗框（图 5.16～图 5.40）。

图 5.16　波尔多住宅首层平面空间图/学生作业

图 5.17　俯视角度观察建筑与地形的关系/学生作业

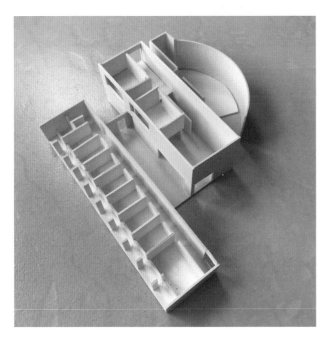

图 5.18　小筱邸的单体建筑模型（一层内部空间布置）/学生作业

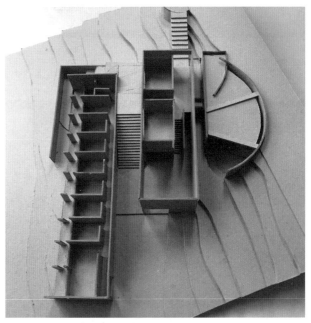

图 5.19　灰卡纸制作的小筱邸/学生作业

去掉屋顶可以清楚地看到建筑与地形的关系。

图 5.20　建筑与地形的局部交接方法/学生作业

图 5.21　主体建筑的制作/学生作业

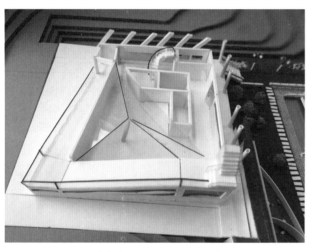

图 5.22　建筑内部的空间关系/学生作业（一）

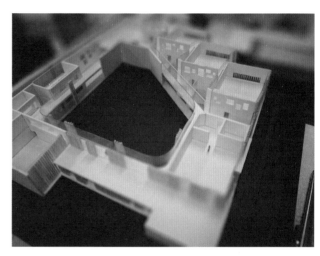

图 5.23　建筑内部的空间关系/学生作业（二）

图 5.24　建筑内部的空间关系/学生作品（三）

图 5.25　建筑内部的空间关系/学生作业（四）

图 5.26　建筑内部的空间制作/学生作业（五）

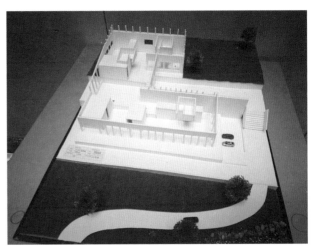

图 5.27　单层建筑内部空间制作与外部环境的连接/学生作业

图 5.28　单层建筑模型的制作/学生作业

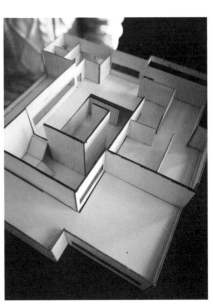

图 5.29　木质建筑模型内部效果/学生作业

图 5.30　建筑内部空间关系表现/学生作业

分层制作建筑的各个空间，表现建筑内部的空间关系。

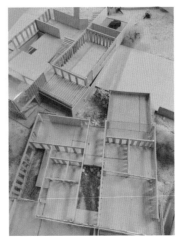

图 5.31　建筑模型内部效果/学生作业

做完的建筑内部空间，要做到每层都能分开，并可以清楚地看到建筑模型内部空间制作效果与程度。

图 5.32 建筑内部空间与场地空间关系的处理方法/学生作业　　　　图 5.33 建筑构件的拼接方法/学生作业

图 5.34 民居建筑/学生作业

学生制作的民居建筑作业，可以很清
楚地看到在底板上画出的建筑定位，
以及建筑内部的空间形式。

图 5.35 主体建筑模型/学生作业

学生制作主体建筑模型，屋顶部分不要
粘合，以方便拿去观察建筑内部空间。

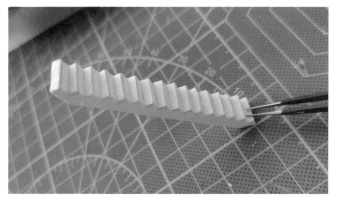

图 5.36 制作楼梯模型/学生作业

制作楼梯模型时一定要按照比例制作，很多同学忽视了这一点，导致
楼梯比例失调，做成了比例夸张的程度。

图 5.37 建筑墙体拐角/学生作业

在制作建筑墙体拐角时，一定要切 45°斜边，然后
粘合，这样可以使墙体规整美观。

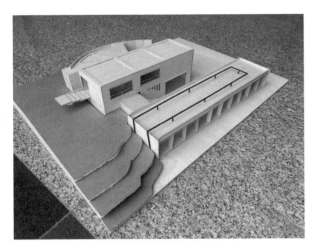

图 5.38　建筑环境再设计/学生作业

学生改变了小筱邸建筑的原有地形，只做了一部分地形。这也算是尝试着改变原有建筑环境进行的再设计。

图 5.39　吐根哈特别墅/学生作业

学生并没有完整做出原地形，只对建筑重新做了概念的规划，以衬托主体建筑。

图 5.40　分层制作建筑空间/学生作业

分层制作建筑的每一层空间，并留出楼梯的位置，把交通空间做完整。

5.2　环境制作

5.2.1　场地制作

　　场地制作通常有两种制作程序，一是先制作建筑主体后制作场地，二是建筑和场地同时制作。如果地形平整，没有或者有较小的地形变化，可优先制作建筑主体，做完主体后再把环境场地以及配景制作完毕；如果地形复杂，属于山地建筑，并且有地下层，这种情况需要采用第二种制作程序，先把地形制作出来，预留出建筑的地基位置，定好建筑的埋深深度和地下层数。同时，建筑的底层平面和立面也要对应做出来。显然，有地形的场地比无地形的场地制作工序要复杂得多。在制作场地时，要把握好一个准则：配合建筑模型主体，先概括后细致。也就是说，在建筑主体模型制作完成前不需要将场地的各个细节一步到位，而是随着建筑模型主体的完善而进一步完善（图 5.41～图 5.44）。

图 5.41 坡地建筑/学生作业

利用模型板制作出坡地,然后将主题建筑模型放置在预定的位置上。

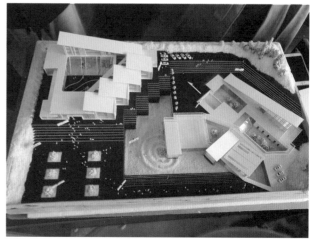

图 5.42 学生作业

通过严格的计算将规则的建筑场地完整地放置在二号图板之上。

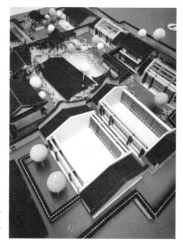

图 5.43 民居模型/学生作业

利用黑白颜色的模型材料来展现江南民居的特色。

图 5.44 苏州园林的模型/学生作业

学生利用瓦楞纸表现古建筑的屋顶。

5.2.2 地形制作

场地高低差较大,常用等高线法制作模型,事先按比例使用与等高距符合的板材,沿等高线的曲线形切割,粘贴成梯田形式的地形,这就是等高线做法。根据地形图的等高线变化分成若干等份,再按各等份的高度选择材料板的厚度,然后将各等份等高线分别绘于材料板上,并用切割器切割成流畅的曲线,再用胶层层叠粘在一起,干固后用墙纸刀、砂纸等工具修整,使山丘坡地变得自然柔和,这种方法适用于山丘变化较大的地形。在这种情况下,所选用的材料以纸板、软木板和苯乙烯吹塑纸板和吹塑板为主。通常,还可以选择使用瓦楞纸、软木、KT板、PVC雪弗板、木板、石膏等材料来制作地形。根据设计的模型效果选择材料,风格统一,颜色最好不要超过三种。

地形制作的具体步骤如下：

（1）将打印出来的地形图铺设在底板上。

（2）准备好地形材料、刀具、丁字尺、胶水、曲线板和垫板等工具。

（3）用切割刀具和曲线板或者限位板沿着地形线进行逐层切割。

（4）将切割好的地形逐层叠摞起来，并用胶水固定。

（5）留出建筑地基位置和配套设施位置（图 5.45～图 5.50）。

当地形完成后，再进行地表的景观处理，这时要充分考虑模型整体关系，以及道路、石墙、青苔、水面、树木等的表现手法。同时还应考虑建筑物与室内外景观的相互关系，这是很重要的。可以说，地形制作始终都要注意建筑物与周围环境的对比协调关系，从而做到模型主体鲜明、突出、和谐。

图 5.45　坡地建筑模型/学生作业

正确处理建筑一层与地形的关系，学生尽可能地完整表现地形与建筑。

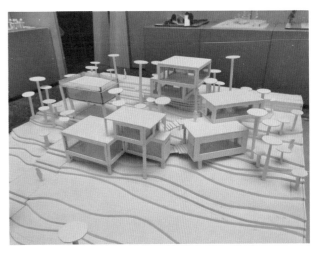

图 5.46　坡地上建筑模型/学生作业

概念化的设计处理好地形与建筑之间的组合关系，有些细节并没有设计完整，比如道路交通等。

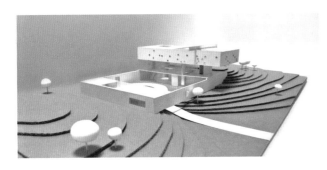

图 5.47　波尔多住宅建筑模型/学生作业

学生更多地留出地形的面积，展示建筑与地形的空间关系。

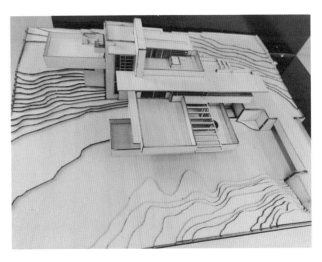

图 5.48　流水别墅的建筑模型/学生作业

学生采用激光雕刻的手段，将模型的各个构件雕刻完成，然后自行拼装各个模型空间。用纯木质感表现地形与建筑。

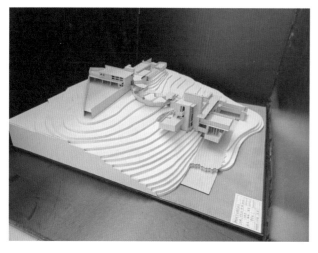

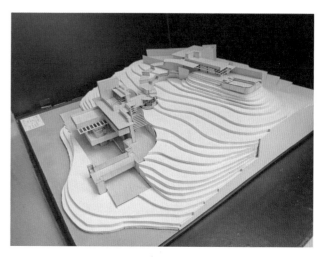

图 5.49 流水别墅的完整模型/学生作业（一）
学生使用 PS 模型板制作地形，使用椴木片制作建筑，材料对比鲜明。

图 5.50 流水别墅的完整模型/学生作业（二）
从另一个角度观察流水别墅的完整模型。

5.2.3 水体制作

模型的水面制作包括海面、湖面、江面、喷水池等。水面的制作对提升模型环境、丰富模型形式起着重要的

作用。水面的表现方法既不能脱离实际，又要比实际简练概括。江、河、湖、海水面的高度一般不应高于地面，制作的方法有三种：第一种是切挖反贴法，即模型台面切挖出水面的形态，在台面夹板下面反贴一层湖蓝色有机玻璃；第二种是平贴盖叠法，即在模型台面上平贴湖蓝色即时贴或色纸，再盖叠一层透明波纹板；第三种是在第一种切挖的基础上，用树脂（市场有售仿真水）浇注在切挖好的形体内，这种水面的制作方法十分逼真。为活跃水面气氛，还可以在水面上点缀一些草、石、水纹。草、石可以用草粉、海藻、碎砂、卵石制作，水纹可以用白蜡、白色

图 5.51 用水纹有机玻璃制作出水池/学生作业

透明玻璃胶制作，必要时还可装置动感水面。

游泳池、蓄水池的表面应高于地面，用蓝色有机玻璃制成。常用的水面制作材料有粗糙的条纹纸、反光纸、亚克力板、树脂。水底色彩可用毛刷从浅到深制作完成（图 5.51～图 5.53）。

5.2.4 道路制作

地形模型的道路十分复杂，纵横交错。制作时应结合场地设计和考虑整体效果。精细的道路制作可用 ABS 塑胶板电脑雕刻完成；也可使用浅灰色板材制作道路，再用胶水粘贴于底盘台面上。人行道、绿地的制作，可用适合的模型板、草坪纸、厚卡纸等，将道路以外的部分垫起来，道路的边线就清楚地呈现出来了。模型中的主干道可以用黄、白两色的即时贴裁成细条来表现快车道、慢车道、人行横道等标志线，也可以用遮盖法喷涂制成。路沿石可用适当的材料（如 ABS 塑料、纸板等）按比例切割出细线，再用胶水沿道路两侧粘住（图 5.54 和图 5.55）。

图 5.52　用有机板制作出水的模型/学生作业

图 5.53　用有机板制作出水的模型/学生作业

图 5.54　学生作业

根据建筑和场地设计制作出概念的交通路线。

图 5.55　预留道路空间/学生作业

在模型场地设计内预留出道路的空间。

5.3　配景制作

配景通常指除地形、场地和主体建筑模型以外的景观或者点缀物，包括人物、植被（草地、乔木和灌木）、交通工具、室内环境以及照明制作等。在主体模型制作完毕后，适量配景会增加模型空间的层次和气氛。但配景不需过多装饰，以免喧宾夺主。

5.3.1　人物

人物是建筑模型比例的参照物。在制作时，尺寸要做得准确，要把握与模型相匹配的人物，应放在出入口的附近和能表现出比例感的地方。在概念模型、扩展模型制作阶段有抽象、具象两种表现方式。

1. 抽象表现

抽象表现人物，形式多样、选材各异，主要体现出人物是模型比例的参照物即可。

(1) 用大头针及纸做成人形。这是一个简单的抽象的人物做法，用有颜色或花纹的纸剪出大小不规则的纸片，把它弄皱，然后用透明头或黑头的大头针穿过去。

（2）用硬泡沫做成可选用抽象人物模型。把硬泡沫切成厚度为1mm的长条，然后按比例尺1～2cm宽，再把它分成小正方片，用大头针顺着纵向方向穿过去，最后用剪刀剪出人形轮廓。这种方式既快速又特别适用于设计模型的应用。装饰用的木板条也可以做成抽象人物模型。

2. 具象表现

成品人物及动物模型可以到模型商店里购买，应注意是否适用于所制作的模型环境；自制人物模型，可把杂志上的人物照片贴在厚纸上或软木木片上再剪切下来。具体做法为：从图库或摄影杂志上中找出合适的图像，然后用打印机把它缩小至符合模型的比例尺；把简化后的轮廓粘贴到一个合适的片材上，去掉轮廓外的框边，制成所需的剪影人形。在设计模型中常用到这种方法；大尺度的人物模型可以使用黏土、铁丝来做，也可以用人体模型（四肢可动的玩偶）来制作；在小比例尺的人物模型中，我们可以用身边常见植物的种子、棕树针或小的金属钉来表示人物（图5.56～图5.57）。

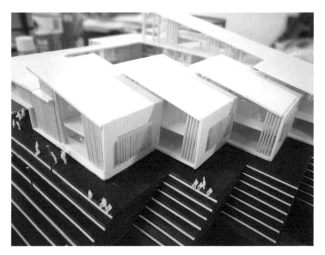

图 5.56　模型局部
购买的人物成品模型，选择人物模型时应正确处理人物与建筑的比例关系。

图 5.57　模型局部
正确处理人物与建筑的比例关系。

5.3.2　草地

草地的制作比较简单，可在模型商店购买草坪纸或草粉来制作；也可以使用素色沙子、锯末等材料概念表现。

场地内小面积的草坪可根据图纸的形状剪下相同大小的绿色植绒纸贴在所表示的部位，或者在预留位置撒上草粉。山体大面积自然草地可用草粉和不规则泡沫颗粒粘在山地上，再点缀乔木和灌木等植被，模拟自然山地。通常，设计模型不使用此方法，往往使用素色材料来制作出概念的草地效果（图5.58～图5.61）。

5.3.3　乔木和灌木

乔木和灌木在建筑空间模型中的作用不可忽视，乔木和灌木在设计模型中通常采用点缀的形式出现。树木的位置按照场地设计规范标准，也可以根据需要主观调整景观效果。选择乔木和灌木的外形不只是依模型比例而定，也取决于整体模型所要表达的效果。我们的目的就是要按比例表现出树木的主体及整体形式，而不是为了表现一种特殊的树种。不要过于突出植物样式，模型中的树形基本上是卵形、球形、锥形及伞形等，让植物

图 5.58　用锯末概念表现草地/学生作业

图 5.59　用模型草粉制作草坪/学生作业

图 5.60　学生作业
用草坪纸表现草地，沙子表现自然材质。

图 5.61　用模型草粉制作草坪/学生作业

成为建筑的环境衬托。

　　乔木和灌木的制作方法多种多样，可以使用松树的松果、棕树或落叶松、小树枝、干枯的杜鹃花、花草的花序及相类似的伞状花、水草地衣、干草、丝瓜的纤维组织或浴用海绵等这些天然物质制作成树的形状。

　　树的制作也可以使用金属线、细的金属丝或粗的纤维泡沫塑胶等。把金属丝（扎花金属线）用钳子捆紧，金属丝尾端套在钻孔孔机的钻头套筒上，然后慢慢转动，使得金属丝缠绕在一起；之后就可以依据树木的高度及树冠的直径剪切出相符的形状；把预定树冠部分的铁丝扭开，然后弯曲出所构想的树形（图5.62～图5.66）。

图 5.62　用金属丝制成的树木/学生作业

图 5.63　用金属丝制成的树木/学生作业

图 5.64　用天然的干草表现树木/学生作业（一）

图 5.65　用天然的干草表现树木/学生作业（二）

图 5.66　购买的成品树/学生作业

5.3.4　交通工具

交通工具包括汽车、自行车、公交车、动车、轻轨、船舶等，在设计模型中可以忽略不做，但在展览模型中为了模拟真实场景常常被制作出来。汽车等同样都是用来表示模型比例的参照物，应注意比例的选择，色彩也可根据模型的主调进行设计处理，可以选择玩具店卖的模型小汽车，市面常见的有铸铝模型汽车、石膏模型汽车、塑料模型汽车等。在选用时，要看清车体下部所标的比例数值，选用时要做到能够与建筑物模型的比例相接近。还可以自己动手把木材（软木质）方料切削成小汽车，或者把模型板重叠粘贴成小汽车，也可把泡沫塑料切削成小汽车（图 5.67～图 5.68）。

5.3.5　室内环境

室内环境制作往往是针对内部空间较大的建筑，室内环境的制作能与室外环境有更深一层的呼应关系，这样不仅可以直接分析建筑外部与室内空间的连续性，也可以掌握建筑主体和内部空间的比例。对室内家具用品的制作，会提高人们对室内空间的理解及对室内环境气氛的认识。内部空间功能关系、交通流线等也能一目了然。

图 5.67　交通工具与设施的设计制作/学生作业（一）

图 5.68　交通工具与设施的设计制作/学生作业（二）

在制作方法上，一种是开口部分的玻璃使用透明材料制成，使其内部能被看清；另一种是把墙的一部分和屋顶部分透空，这样也能看到室内情况。可在平面图中简单画好家具位置，也可以做成立体的家具和设备，繁简程度根据需要而定。制作家具与制作交通工具相仿，在一个已切好的板条横切面上裁下所需的形状。常用比例为 1∶200、1∶100 及 1∶50（图 5.69～图 5.70）。

图 5.69　室外景观设施和室内的关系/学生作业

图 5.70　室内外的空间关系/学生作业

5.3.6　照明制作

照明是建筑模型的一个重要部分，尤其是商业展览模型和建筑竞赛模型，不但要制作出白天正常灯光下的

图 5.71　单体建筑内部照明效果/商业模型

效果，还要营造夜景效果，烘托建筑气氛。利用灯光模拟建筑建成后的夜景效果和整体效果。同时，还要把建筑配套环境照明一起做出来，如水景照明、绿化照明、道路照明等。

建筑模型室内照明则是在模型内部每层安放微型LED灯带或者灯珠，通过系统集成控制系统解决灯光的亮度、颜色、时间等问题。甚至可以做成智能化照明控制系统。这类模型制作精细，可以采用激光雕刻或者3D打印技术。因此，此类模型并不适合学生手工制作（图5.71～图5.73）。

图 5.72　商业楼盘的照明效果/商业模型

图 5.73　单体建筑内部照明效果/商业模型

5.4　整体效果

本节展示正模整体效果照片，作品均为学生纯手工制作。由于学生作业的时间短、工具的使用不熟练以及没有使用甚至很少使用高精度切割机，其精细程度不能和商业模型相比。学生通过纯手工模型的制作程序过程，体验了手工制作模型的乐趣，学习了相关的建筑空间设计知识，领悟了建筑精神（图 5.74 ～ 图 5.76）。

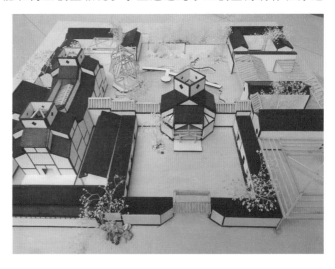

图 5.74　学生临摹作业
学生通过制作贝聿铭的苏州博物馆模型，学习了古典园林和现代建筑的设计方法。

用多种材料制作模型，展示空间效果。

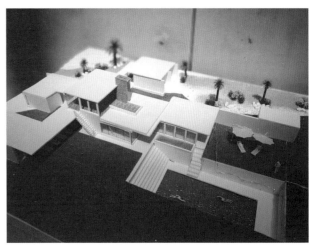

用模型雪弗板等材料制作的考夫曼沙漠别墅模型。

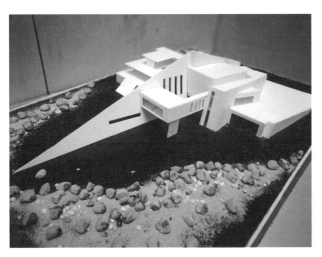

用模型雪弗板等材料制作的建筑空间模型。

用椴木片的材料，手工切割拼接而成。

用椴木片的材料，手工切割拼接而成。

用模型板的材料制作的小建筑，地形的制作还有待改善。

图 5.75　学生作业展示（一）

用模型板等材料制作的小建筑。

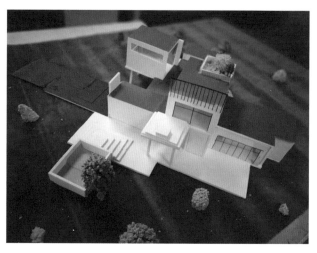

用雪弗板等材料制作的建筑空间模型。

用雪弗板等材料制作的建筑空间模型。

用木片等材料制作的波尔多住宅。

用木片等材料制作的波尔多住宅。

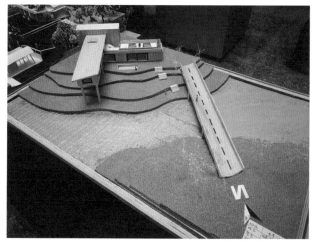

用木片、软木等材料制作设计的建筑模型。

图 5.76　学生作业展示（二）

本章小结

通过系统讲述建筑空间模型的正模的制作过程，达到最终的建筑模型设计效果。通过模型训练打造学生的求真务实，家国天下，塑造自身职业生涯的"匠心梦"的建筑精神。鼓励学生学习专业知识和专业技能，掌握科学的实验方法，养成严谨求实的科学精神，更好地培养学生的空间思维与设计方法。

复习思考题

1. 正模的地形制作方法有哪些？
2. 正模的主体建筑内外空间组合有何关系？
3. 主体建筑与环境如何搭配？

第 6 章
作品展示

● **本章概述**

本章主要介绍学生模型作品的拍摄技巧和排版展示，包括如何拍摄漂亮的建筑模型作品照片，获取模型作品的最佳拍摄视角；排版内容包括原建筑的解读文案、制作材料和对建筑空间的理解文字、草模过程中的照片等。

模型不易长久保存，有一定的存放时间限制，原因是胶水的老化脱落时限在一年左右，超过时间之后模型会变得极易松散倒塌。而且每年都有大量的学生模型作品入库，为了节省空间只能清理旧模型存放新模型。为了避免这种重复性劳动，学生的作品采用交U盘的方式，既能长久保存学生作品又节约了大量库房空间。我们非常重视学生的模型作业展览效果，通常采用展板加模型的形式，甚至是电子影像的动态展示，这样可以更充分地展示学生的作业水平。

通过本章的学习，培养学生树立自信、自立、自强的人生价值观，更全面地展示自我，锻炼担负未来建设的社会责任。

● **本章重点**

重点学习将建筑模型拍照并排版，附加文字说明。

6.1　拍摄技巧

给建筑模型拍照也是提高学生摄影水平的训练方法，建筑模型不同于实体建筑，具有体积小、细节少、拍摄角度不好把控等特点，一不小心就会把周围杂乱的环境拍摄进去。因此，拍好一组建筑模型也不是很容易的事情，既要全面展现模型，又要把建筑的气势拍摄出来，还要体现出细节空间的效果。拍摄建筑模型应以整体、轴测、平视、局部等几个角度为出发点，全面展示模型。

6.1.1　鸟瞰图

鸟瞰图也称为顶视图或者俯视图，是从空中的角度俯瞰大地，对建筑项目拍摄的照片图片。鸟瞰图能够整体展示模型（图6.1、图6.2）。

6.1.2　平视图

平视图是以人的平均身高为视点，平时拍摄的建筑照片，通常拍摄四个方向的建筑立面。在拍摄模型时，要压低视平线，尽量控制相机不要仰视或者俯视，以全面展现模型的平面、立面为主。前、后、左、右四个面拍数张（图6.3）。

图6.1　俯拍考夫曼沙漠别墅模型/学生作业

俯拍建筑模型，黑白照片层次分明，对比强烈。

黑白俯拍建筑模型，过滤多余杂色，空间更纯粹。

俯拍带景深的模型尽量使用黑白色，过滤杂色，主体突出。

拍摄带背景的模型尽量使用黑白色，过滤杂色，主体突出。

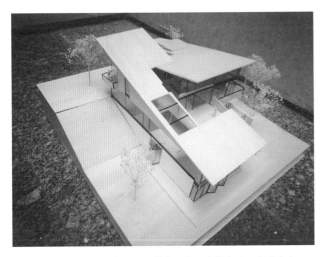

俯拍木质模型，尽量使用彩色模式，彰显木纹色泽，主体突出。

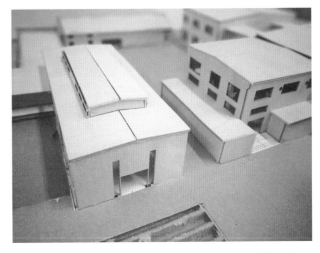

俯拍木质模型，尽量使用彩色模式，彰显木纹色泽，主体突出。

图 6.2（一）　鸟瞰图模型展示

俯拍具象写实模型时，尽量使用彩色模式，表现真实场景，主体突出。

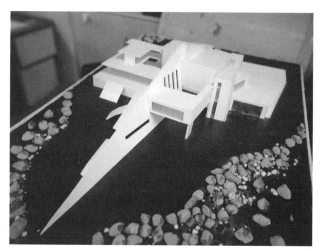

俯拍具象写实模型时，尽量使用彩色模式表现真实场景，主体突出，此照片也可以使用黑白模式。

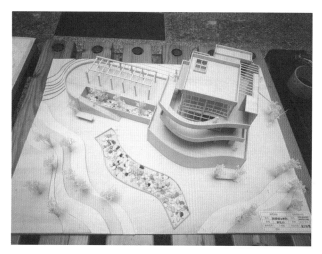

俯拍木质模型，尽量使用彩色模式，彰显木纹色泽，主体突出。

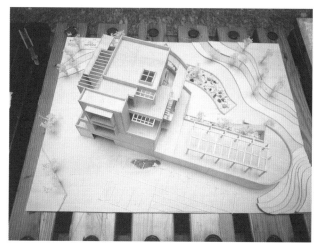

从另一个角度俯拍木质模型。

寻找最佳角度拍摄精美的木质模型。

使用多个角度拍摄精美的木质模型。

图 6.2（二）　鸟瞰图模型展示

寻找最佳角度拍摄精美的混合材质模型。

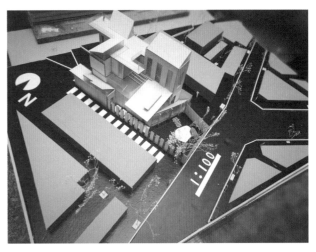

寻找最佳角度俯拍精美的混合材质模型，最大限度地展示空间。

寻找俯拍角度，最大限度地展示模型空间。

寻找俯拍角度，最大限度地展示模型空间。

寻找最佳角度俯拍精美的
混合材质模型，最大限度
地展示空间。

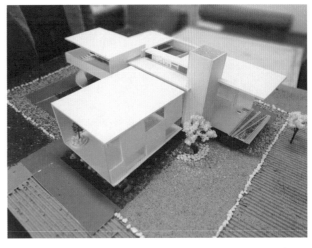

寻找最佳角度俯拍精美的混合材质模型，最大限度地展示空间。

图 6.2（三）　鸟瞰图模型展示

寻找多个角度俯拍精美的混合材质模型，不同角度展示模型空间。

寻找多个角度俯拍精美的混合材质模型，多角度展示模型空间。

寻找最佳角度俯拍混合材质模型，最大限度展示模型空间。

寻找多个角度俯拍精美的混合材质模型，多角度展示模型空间。

图 6.2（四）　鸟瞰图模型展示

通过中景、近景、远景展示建筑模型的景深空间。

展示建筑模型的主立面效果和景深空间。

图 6.3（一）　平视图模型展示

利用地形高度错落展示模型空间的层次。

展示建筑模型的主立面效果和景深空间。

利用配景做前景，展示模型立面效果和景深空间。

利用配景做前景，展示模型立面效果和景深空间。

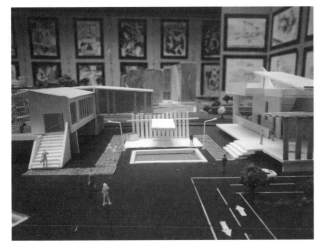

利用配景做前景，展示模型立面透视效果和景深空间。

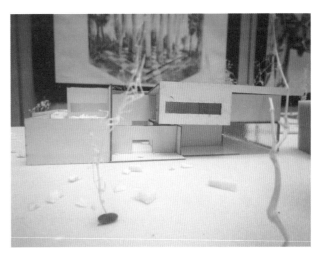

利用配景做前景，展示模型立面效果和景深空间。

图 6.3（二）　平视图模型展示

利用配景做前景，展示模型立面效果和景深空间。　　　　利用配景做前景，展示模型立面效果和景深空间。

图 6.3（三）　平视图模型展示

6.1.3　局部透视图

局部透视图就是对建筑模型局部细节拍摄的细节图片，对模型有趣的微空间进行拍摄，模拟真实建筑空间。局部的拍摄更自由些，类似平常的微距摄影。这些图片可以展现模型更多的细节，为最后的整体排版提供更多素材（图 6.4）。

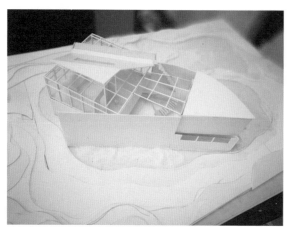

图 6.4（一）　局部透视

通过压低摄像机，拍摄模型微空间。

图 6.4（二） 局部透视

6.2 排版展示

6.2.1 排版素材

排版的素材主要包括建筑模型创作草图、建筑模型草模、修改模型的过程照片、原建筑的解读文案、成品建筑模型的各个角度照片等。将这些素材组合成 1～2 幅 A1 大小的排版展板。

6.2.2 排版效果

版式设计是本课程的最后一步。展版的素材内容由原建筑的解读文案、草模的制作过程和模型正模的各个角度的照片组成。通过版面设计，也锻炼了学生的平面排版能力（图 6.5～图 6.32）。

2020 空间模型制作

2020 年 5 月

光之教堂
Church of the Light

建筑师简介

安藤忠雄（あんどう ただお）（1941年9月13日－）。日本大阪人，日本建筑师。安藤忠雄出生于大阪市。 1969年在大阪成立安藤忠雄建筑研究所，设计了许多个人住宅。其中位在大阪的"住吉的长屋"获得很高的评价。大规模的公共建筑到小型的个人住宅作品，多次得到日本建筑学会奖的肯定。此后安藤确立了自己以清水混凝土和几何形状为主的个人风格，也得到世界的良好评价。1980年代参与关西周边地区的商业建筑设计，1990年代以后，参与公共建筑、美术馆建筑等大型计划。接连发表了以清水混凝土建造的住宅和商业建筑，引起风潮和讨论，名声也开始快速累积，从博物馆、娱乐设施、宗教设施、办公室等。作品的领域宽广。1995年，安藤忠雄获得建筑界最高荣誉普利兹克奖，他把10万美元奖金捐赠予1995年神户大地震后的孤儿。

草模制作

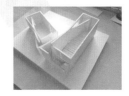
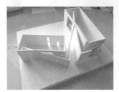

正模制作

光之教堂的魅力不在于外部，而是在里面。那就像朗香教堂一样的光影交叠所带来的震撼力。然而朗香带来的是宁静，光教堂带来的却是强烈震动。

光之教堂的区位远不如前两者那般得天独厚，也没有太大的预算。但是，这丝毫没有局限了安藤忠雄的想象世界。

坚实厚硬的清水混凝土绝对的围合，创造出一片黑暗空间，让进去的人瞬间感觉到与外界的隔绝，而阳光便从墙体的水平垂直交错开口里泄进来。那便是著名的"光之十字"——神圣、清澈、纯净、震撼。

姓名：王舒晴

课程名称：空间模型制作

任课老师：王明超

成绩：

图 6.5　学生作业

空间模型制作

——安藤忠雄小筱邸

平面图（无顶）

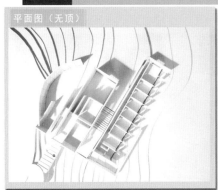

总体侧面图（有屋顶、无屋顶）

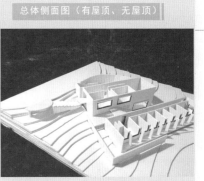

侧面图能体现山体的起伏变化，看出地形与建筑的关系，后面圆形建筑（工作室）基本是埋在地形里。

平面图（有顶）

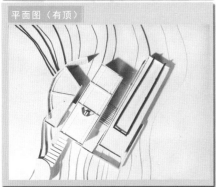

六间并排儿童房制作过程

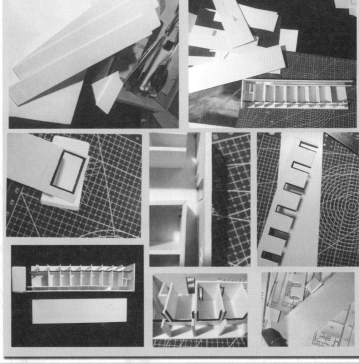

制作过程中细节的处理，如门窗的窗框用黑色 PVC 代替，玻璃用透明板代替，每个边都会用磨砂纸打磨致光滑包括 45°角裁切完的处理，为方便每一个墙体黏贴准确都会在地面板上用针尖划出痕迹等等。

工作室制作过程

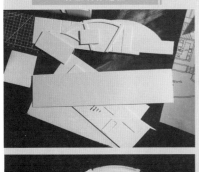

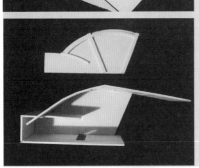

楼梯细节图

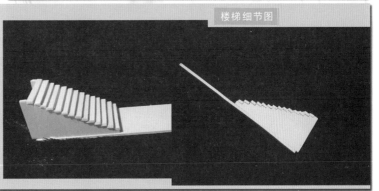

图 6.6　学生作业

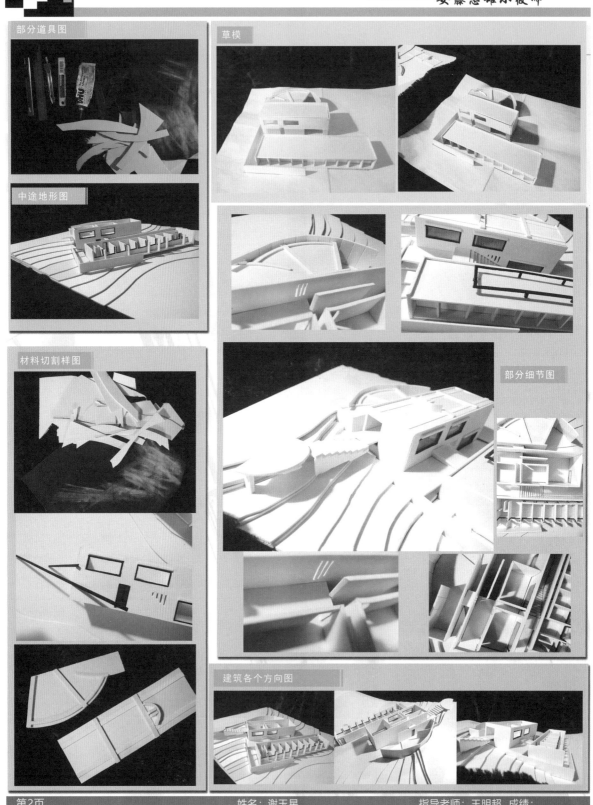

部分道具图

中途地形图

材料切割样图

草模

部分细节图

建筑各个方向图

第2页　　　　　　姓名：谢玉星　　　　　　指导老师：王明超　成绩：

图 6.7　学生作业

空间模型制作 （小筱邸）

01 建筑介绍

　　安藤忠雄的代表作之一小筱邸住宅，安藤忠雄用标志性的混凝土网格修建了两层高的空间，墙壁采用清水混凝土，刻意保留了施工模板的孔洞痕迹。建筑物的一半掩埋在国立公园的一片绿色隐隐的斜坡地里，它虽是独立的，却遵循着自然的环境条件。

02 制作过程

03 成果展示

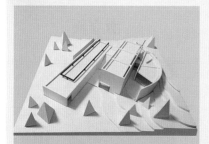

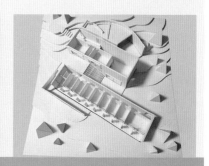

姓名：范鲁佳　　　　　　　　　　　　　　　　　　指导老师：王明超

图 6.8　学生作业

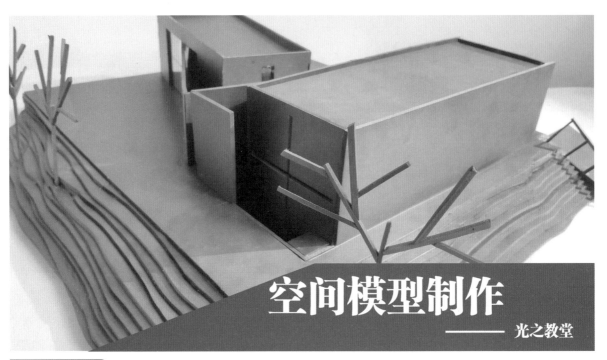

空间模型制作
—— 光之教堂

草图与细节

草图   细节

成品模型

东立面   西立面   南立面

北立面   正俯视图   俯视图

指导教师：王明超 董敏   学生姓名：鹿焕琦   成绩

1

图 6.9 学生作业

空间模型制作

姓名：孟祥龙　　　　　　　　　　　　　指导老师：王明超

小筱邸是安藤忠雄的代表作之一，位于日本兵库县芦屋市。该建筑由一组平行布置的混凝土矩形体块构成，并避开了基地上现有的树木。建筑物的一半掩埋在国立公园的一片绿色隐隐的斜坡地里，它虽是独立的，却遵循着自然的环境条件。

草模阶段

 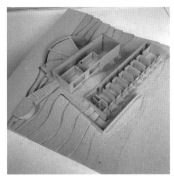 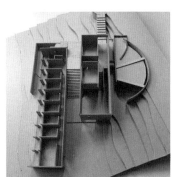

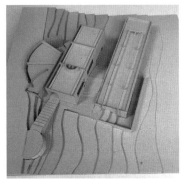 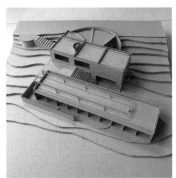 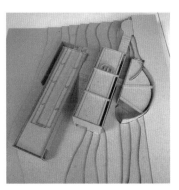

正模阶段

细节图补充

图 6.10　学生作业

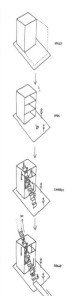

空间模型制作

任恒

白色雪弗板
白色瓦楞纸
水泥灰卡纸
透明玻璃纸
502胶水
UHU胶水

平视图

从草模到正模

建筑外侧造型夸张的楼梯用于种植植物,以及供给小猫攀爬玩耍。真正用于交通的楼梯用套娃的方式藏于大楼梯之中。精心设计过的门洞造就了独特的采光效果。

楼梯之家——三代人与八只猫的住宅
日本 nendo工作室

* 巨大玻璃瓷阳光,通风和庭院绿植引入居住环境
* 老两口的房间被安排在一层,与老两口生活在一起的八只猫可以更自由地在户内户外游荡
* 夫妇和孩子居住在二层和三层,楼梯水等间被置于南侧庭院,向上延伸至建筑内,从一层贯穿至三层

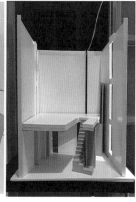

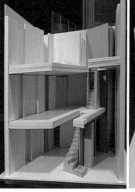

图 6.11　学生作品

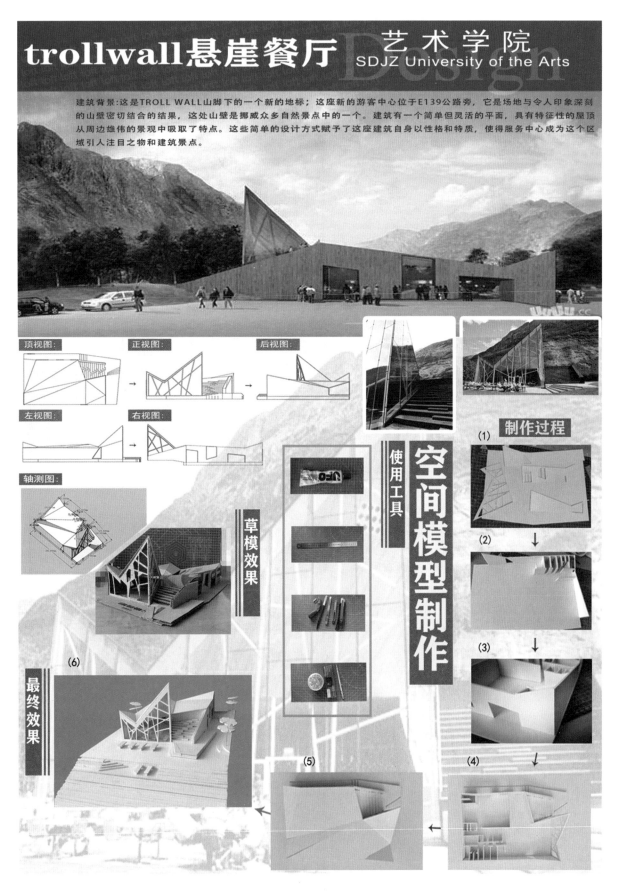

图 6.12　学生作业

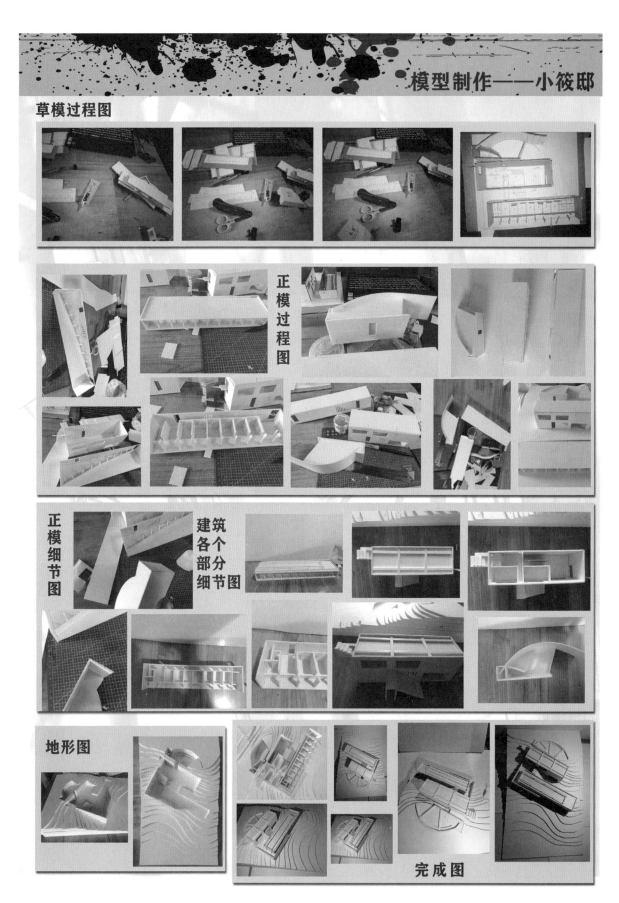

草模过程图

正模过程图

正模细节图

建筑各个部分细节图

地形图

完成图

图 6.13　学生作业

图 6.14　学生作业

ＮＡ垂直住宅

由藤本壮介设计的位于日本东京的NA住宅项目，这是一个被形容为是"独立性与连贯性融为一体"的住宅，它既是单一的房间，也是一系列房间的集合。松散定义的空间和不同的地板形式创造出一系列不同形式的活动空间。住宅可以是两个人的私密空间，也可以是一群朋友的休闲空间。设计师表示这个像树一般的住宅的精妙之处就是它们的每个空间不是垂直层面上独立的，而是以一种独特的关系相连着。你可以听到上面或是旁边空间中人说话的声音，也可以从一个"树枝"跳到另一个"树枝"上，也可以在不同的"树枝"之间开展对谈。在这种空间密集式的居住模式中人们可以感受到一种多元化的生活方式。

> 模型图
1:30

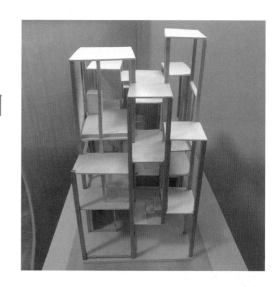

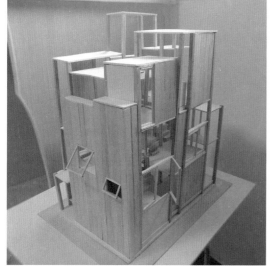

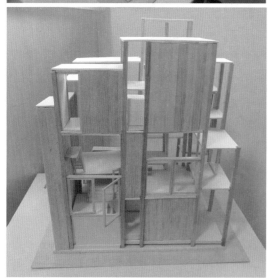

姓名：王苗苗

课堂名称：空间模型制作

任课老师：王明超 董敏　成绩：

图 6.15　学生作业

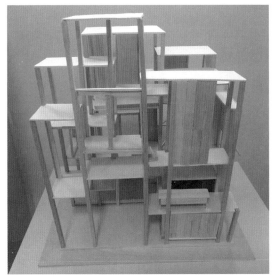

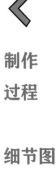

制作

过程

细节图

错层，让房间不在一个平面上，这是藤本壮介一个明确的目标。通过这样一种方式让房间与房间之间的关系变得复杂，形成各种俯瞰与仰视。建筑形式宛如一堆互相堆栈的方盒子，相互错落的框架在立面不同高度上形成丰富的内部空间，每个小房间拥有各自的小阳台，彼此透过室内阶梯相连接，使用者能自由地在空间中活动。

姓名：王苗苗

课堂名称：空间模型制作

任课老师：王明超　董敏　　成绩：

图 6.16　学生作业

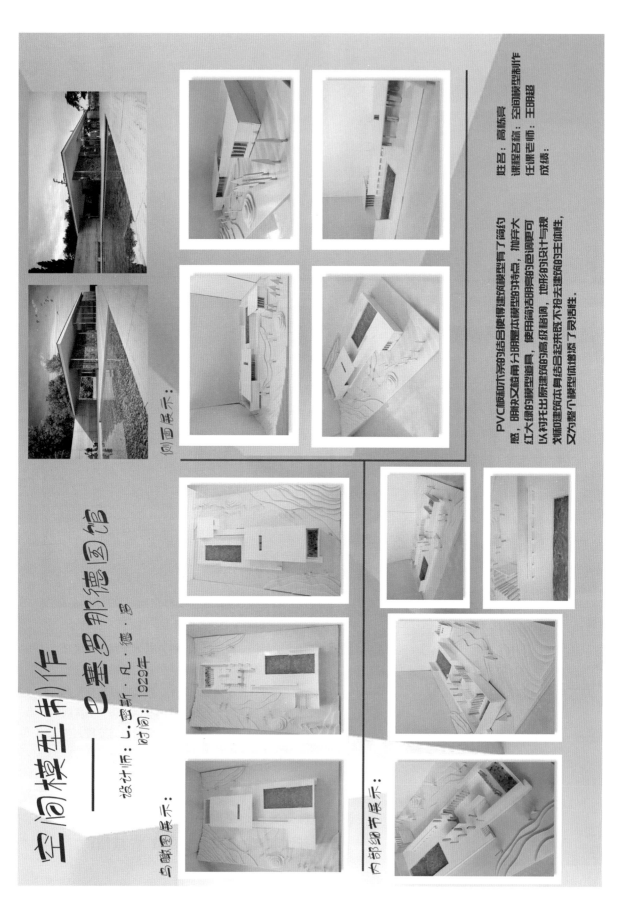

图 6.17 学生作业

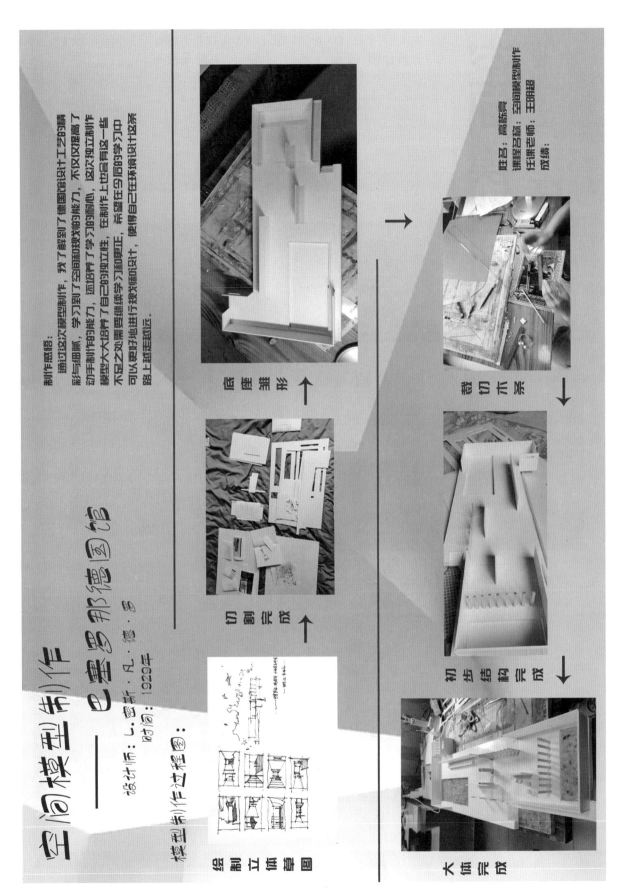

空间模型制作
——巴塞罗那德图书馆

设计师：L.密斯·凡·德·罗
时间：1929年

模型制作过程图：

绘制立体草图

切割完成

底座雏形

裁切木条

初步结构完成

大体完成

制作感悟：
通过这次模型制作，我了解到了德图书馆设计工艺的精彩与细腻，学习到了空间面的做法的能力，不仅又提高了动手制作的能力，还培养了学习的细心，这又独立制作模型大大培养了自己的独立性，在制作上也有这一些不足之处需要继续学习加以更正，希望在今后的学习中可以更好地进行课外环境设计，使得自己在环境设计这条路上越走越远。

姓名：高际亮
课程名称：空间模型制作
任课老师：王昭超
成绩：

图 6.18　学生作业

空间模型制作

山东建筑大学 艺术学院 环艺
Shandong Jianzhu University

. 工具介绍

. 制作细节

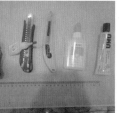

Church on the Water

Church on the Water

Church on the Water

Church on the Water

. 外景特写

. 模型细节 Church on the Water

姓名：杨健鹏   指导教师：王明超

图 6.19　学生作业

图 6.20 学生作业

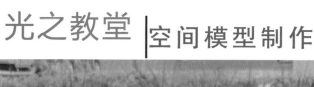

光之教堂 | 空间模型制作

姓名：周楠　班级：
指导老师：王明超

正模制作

光之教堂由混凝土作墙壁，除了那个置身于墙壁中的大十字架外，并没有放置任何多余的装饰物。在正模制作中我采用了灰卡制作，尽量还原光之教堂水泥的质感。用木制牙签做了教堂内部的座椅。

部分细节

裁切过程

45°角裁切

制作心得

通过这次建筑模型的制作，我深刻感受到了建筑制作的严谨和制作过程的复杂。坚实厚硬的清水混凝土绝对的围合，创造出一片黑暗空间，让进去的人瞬间感觉到与外界的隔绝，而阳光便从墙体的水平垂直交错开口里泄进来，那便是著名的"光之十字"--神圣，清澈，纯净，震撼。在制作中我也深刻地体会到了安藤忠雄所表现出的人人平等。在这几周的制作中从有到无，王老师的不断指导也让我受益匪浅，非常感谢老师的指导。

正模展示

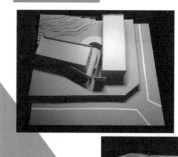

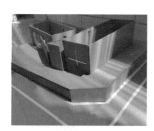

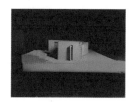

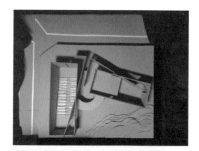

图 6.21　学生作业

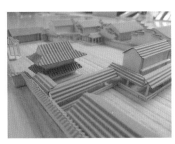

空间模型与制作（网师园）

制作过程：

1、将打印好的图纸用复写纸画在底板上

2、测量园林房屋和墙体的数据

3、通过测量好的数据，将木板材切成大小相宜的木片

4、将木片拼接组装

5、将木棍切割好，作为房屋和亭子的梁柱结构

6、将瓦楞纸裁剪成瓦贴，在做好的房屋框架上

7、把房子和墙体按图纸粘在底板上

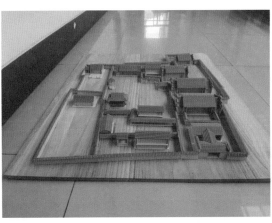

在网师园的制作过程中，我们可以真切地体会到造园者和原主人对诗情画意的推崇，也可以体会到追求自然美的意境，在这过程中，细细的品味着网师园景观所带来的诗情画意，它让我们感受着中国浓厚文化底蕴的熏陶，给我们带来了精神上的愉悦与享受。

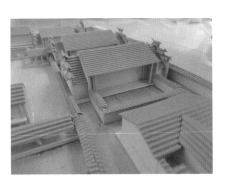

图 6.22 学生作业

空间模型与制作
吐根哈特别墅

吐根哈特别墅是密斯在欧洲作品中最具权威的作品之一。他用这栋住宅中所包含的流动空间、少即是多的建筑理念改变了传统的住宅内部设计并引领了新的住宅设计潮流。

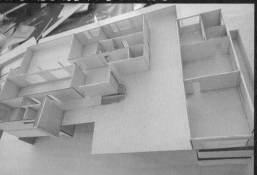

别墅坐落在一块倾斜的土地上，南面面向公用花园。由于地处斜坡，定位有一点困难，因此将主入口以及车库放在临街的二楼，入口隐藏于墙壁和奶白色的半弧形玻璃周柱之间。通过楼梯下第一楼。一楼则因地形营造了一个通透的空间，平台和她可以直接通向花园，使室外和室内相互流通。

建筑主体共有两层，另有一个地下室。由于住宅的向南的一面，是一个公共花园，因此大部分的私密性活动空间－卧室等均放在二楼。在二层平面设计上，一方面密斯运用四周围合的墙体与适宜的开窗面积营造安全、私密的空间感受，而南向的朝向也很好地满足了室内采光的需要。

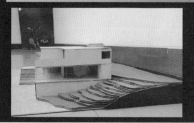

图 6.23　学生作业

空间模型与制作
（小筱邸）

◆设计者:安藤忠雄
◆位置:日本兵库县芦屋市国立公园
◆初期修建:1984年284.1m²
◆改造项目:2006年409.5m²

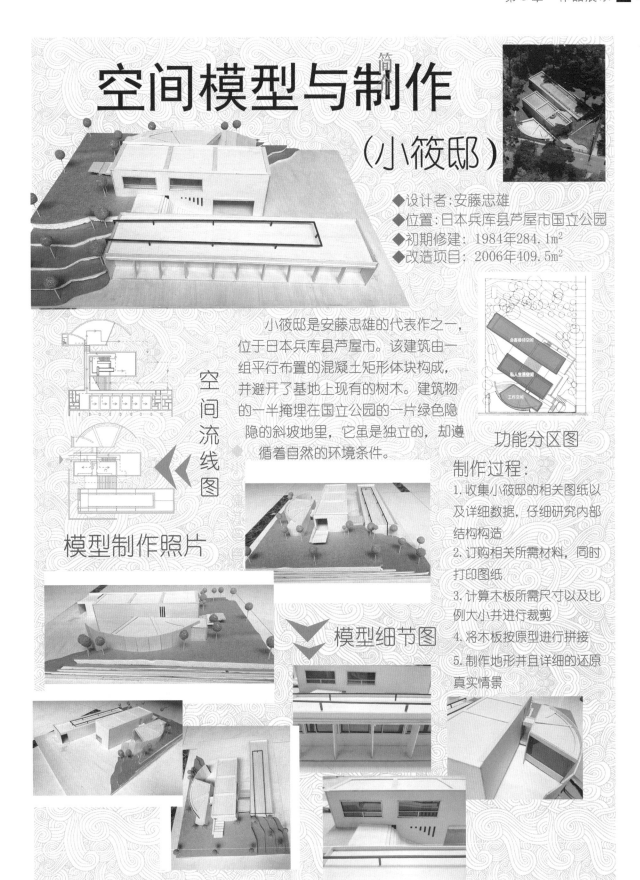

小筱邸是安藤忠雄的代表作之一，位于日本兵库县芦屋市。该建筑由一组平行布置的混凝土矩形体块构成，并避开了基地上现有的树木。建筑物的一半掩埋在国立公园的一片绿色隐隐的斜坡地里，它虽是独立的，却遵循着自然的环境条件。

空间流线图

模型制作照片

功能分区图

模型细节图

制作过程:
1. 收集小筱邸的相关图纸以及详细数据，仔细研究内部结构构造
2. 订购相关所需材料，同时打印图纸
3. 计算木板所需尺寸以及比例大小并进行裁剪
4. 将木板按原型进行拼接
5. 制作地形并且详细的还原真实情景

图 6.24　学生作业

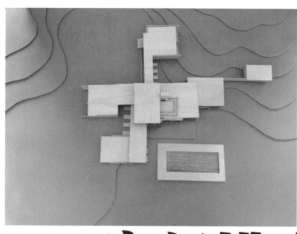
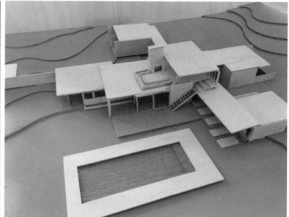

空间模型与制作
考夫曼沙漠别墅

住宅整体呈十字布局(下图),东西轴长,南北轴短,两轴交汇处为住宅的中心,设置有起居室、餐厅和一个室内庭院,属于公共区。中心向南为住宅的入口,设有一个车棚;中心向北是客房;中心向西分别是厨房以及西端的工人房,属于 后勤服务区;中心向 东则分别是主卧及东端的办公室,属于私密区。这几个区域都自集中,空间功能明确,生活流线都没有交叉。这样一来,既保障了主人甚至客人各自的私密性,以餐厅和起居室这样的共区为中心又保证彼此间不会过于隔膜生疏。

主要交通流线

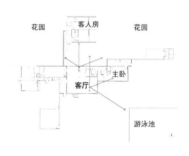

考夫曼别墅不同于以往的室内功能聚合的传统别墅格局,而以发散性布置,每一个房间都是独立的,有自己特定的功能,自成一个使用体系。以达到互不受影响的关系。别墅里所有的私人空间和公共空间被明显的界限划分,或是以长走廊,或是以能够隔绝视线的体量(壁炉、洗手间)来防止空,间和人的被入侵。

诺伊特拉认为,在自然界中,无论我们把什么当作"美",它从来不是,也绝对不会附属于我们认为是"实用"的东西。诺伊特拉通过不同地点的具体的人的生活需求,提供他们具体的设计方式。加利福尼亚和美国西部开阔、晴朗、自由,诺伊特拉根据考夫曼沙漠别墅所在的地理位置和特殊环境,引用赖特的观点"屋顶、墙和门窗等实体和建筑的关系是处于从属的地位,应服从所设想的空间效果",从室内空间效果出发,把室内空间向外伸延,把大自然景色引进室内, 并以此理念贯穿于建筑的每一个局部,使每一个局部都互相关系,成为整体不可分割的组成部分。建筑的实质在于其内部空间,诺伊特拉是继赖特后第一个打破过去局限于屋顶、和门窗等实体进行设计的观念的建筑师。

利用从属地位这一点,诺伊特拉以平行墙和大面积玻璃来处理建筑的立面。平行墙主要分布在南北向,隔绝了室内外的关系和人与外界的视点关系,既是对视觉效果的利用,又是对位于北边的客人房的尊重。这样一来,主要的采光就是东西向和部分南面的落地玻璃和大面积的开窗。据分析而来,居住者处于别墅的任何一一个地点都不会有阴暗面的出现。整个建筑几乎达到与大自然相协调,仿佛从大自然里生长出来的效果。

制作过程

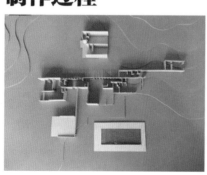

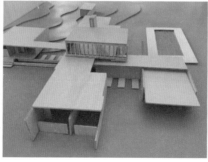

图 6.25   学生作业

空间模型制作

一、准备工作

数据查找

数据换算　　　**工具准备**

二、草模制作

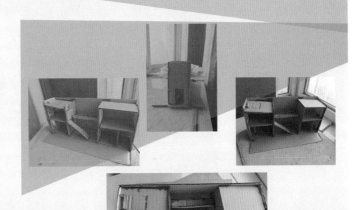

三、成品的制作和展示

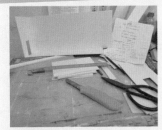

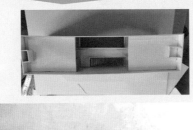

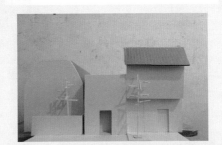

姓名:赵君男　　　　　　　指导老师:王明超

图 6.26　学生作业

2020 SPACE MODEL MAKING
2020 空间模型制作

设计者：环艺183李厚德
指导老师：王明超

简介

这是TROLL WALL山脚下的一个新的地标；这座新的游客中心位于E139公路旁，是由建筑师REIULF RAMSTAD ARKITEKTER (RRA)设计，建筑面积700.0 SQM,该项目位于TROLLWALL（挪威西部的一个悬崖）脚下，是一座非常醒目的新建筑，其特殊的外形是项目场地与旁边壮观的悬崖共同影响的结果，这是鲁姆斯达尔山谷(ROMSDALVALLEY)最高的悬崖，也是欧洲最高的悬崖之一。鲁姆斯达尔山谷的一些悬崖堪称全欧洲最高、最陡峭的悬崖，因此，这里也成为了众多定点跳伞以及自由跳伞爱好者的喜爱之地。这样的环境和地理位置使得这片区域成为了修建服务信息中心的最佳场所。

平面图

视觉透视图

设计理念

在设计过程中，设计师将其设计理念与所在场地充分联系起来，还在这座建筑中融入了当地的景观特色。整座建筑结构简明、富有张力，别具特色的屋顶造型彰显着周围山川的壮丽雄奇。这些简约的设计手法赋予了该项目独有的个性，使之成为了这个地区内一处新奇而夺目的景观。

姓名：李厚德   辅导员：王明超

图 6.27 学生作业

图 6.28　学生作业

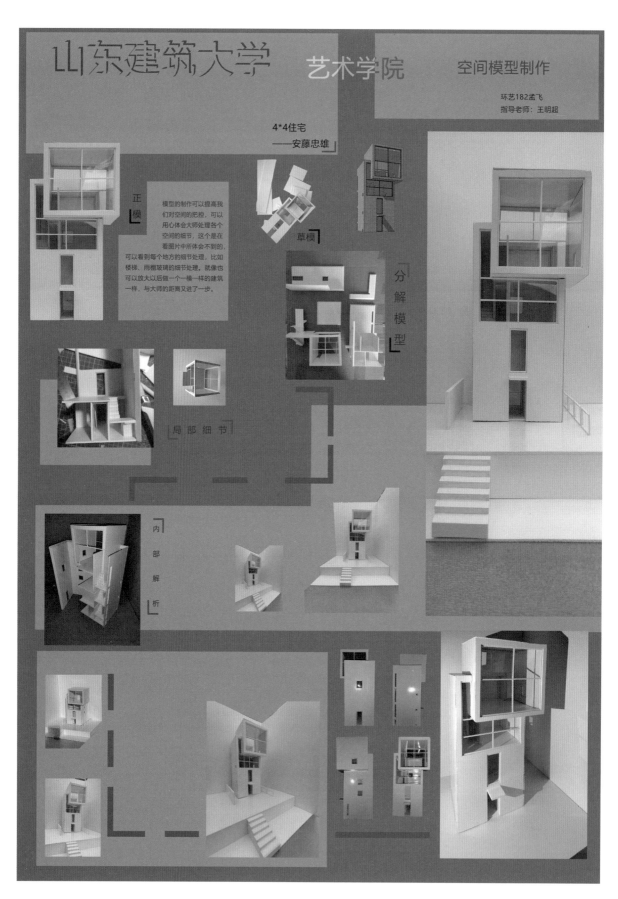

图 6.29 学生作业

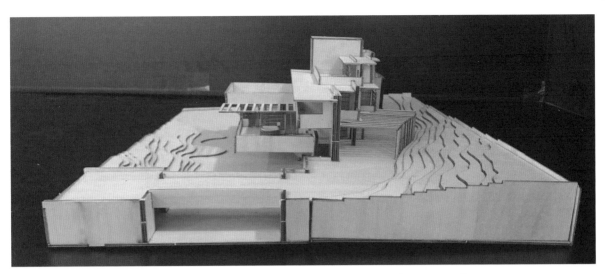

空间模型与制作
（流水别墅）

　　流水别墅（FALLINGWATER，另译为落水山庄）是世界著名的建筑之一，它位于美国宾夕法尼亚州费耶特县米尔润市 ░░░░░░░░░░░░░░░░░░░░ 郊区的熊溪河畔，由弗兰克·劳埃德·赖特设计。别墅的室内空间处理也堪称典范，室内空间自由延伸，相互穿插；内外空间互相交融，浑然一体。　流水别墅共三层，面积约380平方米，以二层（主入口层）的起居室为中心，其余房间向左右铺展开来，别墅外形强调块体组合，使建筑带有明显的雕塑感。楼层高低错落，一层平台向左右延伸，二层平台向前方挑出，几片高耸的片石墙交错着插在平台之间，很有力度。溪水由平台下怡然流出，建筑与溪水、山石、树木自然地结合在一起，像是由地下生长出来似的。

图 6.30　学生作业

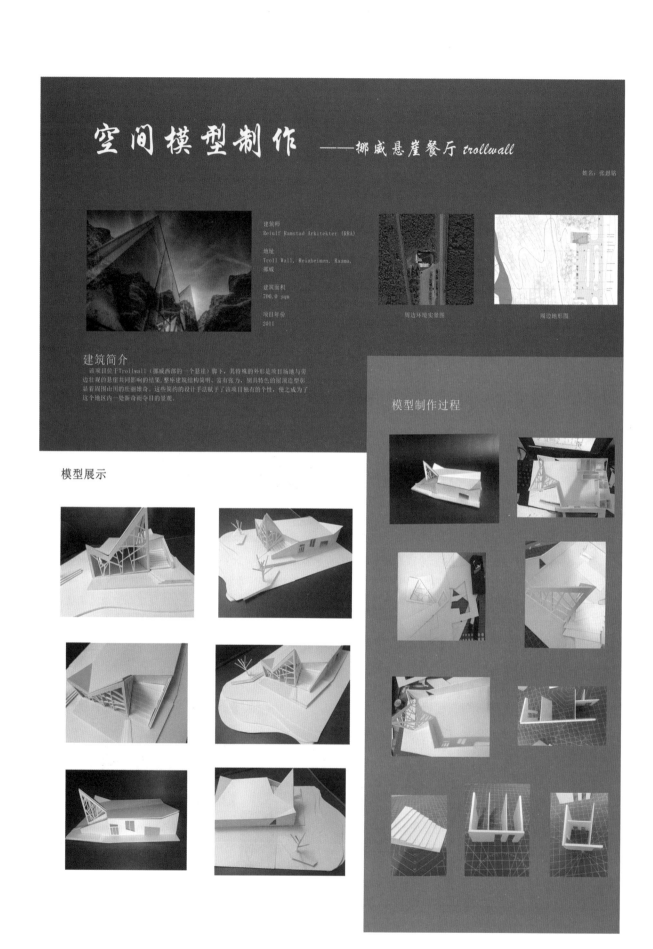

图 6.31　学生作业

平面图

草模

模型详图

总平面图

范斯沃斯住宅
Farnsworth house

姓名: 张一帆
课程名称: 空间模型制作
任课老师: 王明超 董敏
成绩:

图 6.32 学生作业

本章小结

　　本章展示了近几年的学生作品的展示效果。排版展示图是整个模型作业的最终存档部分之一，首先要求学生将整个模型制作的过程做成电子版，包括草图、分析解读、图纸、草模照片、正模的制作过程和正模各个角度的照片，并将其分门别类地放在文件夹里。每个团队小组一个文件夹，每个人一个独立版面，这样便于区分每个同学的制作内容和分工情况。每个班级的作品储存在一个 U 盘里，便于存档。结课后将所有模型作品在展览馆进行展示，以供师生观摩指正，图版与实体模型同时展览。展览完毕后，模型作品择优留校，其余模型学生自己处理。

　　通过模型展览使学生树立正确的人生观、价值观，增强面对社会现实的勇气，为伟大的社会主义事业贡献力量，为实现伟大的中华民族复兴担负起应有的社会责任。

参考文献

［1］　〔美〕米尔斯．设计结合模型：制作与使用建筑模型指导［M］．李哲，肖容，译，天津：天津大学出版社，2007.

［2］　〔西〕米罗，等．建筑模型［M］．陈也，译．北京：中国建筑工业出版社，2015.

［3］　郁有西，等．模型设计［M］．北京：中国轻工业出版社，2007.

［4］　〔挪〕诺伯舒兹．场所精神：迈向建筑现象学［M］．施植明，译．武汉：华中科技大学出版社，2010.

［5］　〔法〕勒·柯布西耶．模度 1［M］．张春彦，邵雪梅，译．北京：中国建筑工业出版社，2011.

［6］　彭一刚．建筑空间组合论［M］．2 版．北京：中国建筑工业出版社，1998.

［7］　洪兴宇，邱松．平面构成［M］．武汉：湖北美术出版社，2001.